U0794375

KUWEI
酷威文化
图书 影视

围炉夜话

[清] 王永彬 著　　杨莉波 译注

北方联合出版传媒(集团)股份有限公司
万卷出版公司

【原文】

教子弟[①]于幼时，便当有正大光明气象[②]；检[③]身心[④]于平日，不可无忧勤[⑤]惕厉[⑥]工夫[⑦]。

---

① 子弟：指子侄辈，对父兄而言，泛指年轻后辈。

② 气象：气概，指人的言行态度。

③ 检：检讨，反省。

④ 身心：身指所言所行，心指所思所想。

⑤ 忧勤：忧虑勤勉。

⑥ 惕厉：朝夕戒惧，如临危境，不敢稍有懈怠。惕，警惕，戒惧。厉，危险。语出《易·乾》："君子终日乾乾，夕惕若厉，无咎。"

⑦ 工夫：指所达到的造诣和修养。

【译解】

教导年轻后辈要从幼年时开始，及早培养他们正直、宽大、无所隐藏的气概；在日常生活中要时时反省自己的言行和思想，不能没有忧勤戒惧的修为。

【原文】

与朋友交游[1]，须将他好处[2]留心学来，方能受益；对圣贤言语，必要我平时照样行去，才算读书。

---

① 交游：交往，往来。

② 好处：优点、长处。

【译解】

与朋友交往，必须观察他们的优点和长处，并用心地学习，这样才能受益；对于古圣先贤所留下的话，一定要在平常生活中对照着去做，才算是真正体味到书中的真谛。

【原文】

贫无可奈唯[1]求俭，拙亦何妨[2]只要勤。

---

① 唯：只有。

② 妨：阻碍；妨碍。

【译解】

贫穷得毫无办法的时候，只有力求节俭，才可以过得下去；天性愚笨没有什么关系，只要自己比别人更加勤奋地学习，就可以获得成功。

【原文】

稳当[1]话，却是平常话，所以听稳当话者不多；本分[2]人，即是快活人，无奈做本分人者甚少。

---

① 稳当：稳妥恰当。

② 本分：安分守己。

【译解】

既稳妥又恰当的言语，经常是既不吸引人也不令人惊奇的平常话，所以喜欢听这种话的人并不多；一个能安守本分的人，便是最愉快的人了，只可惜能够安分守己不妄求的人，也是很少的。

【原文】

处事要代人作想[1]，读书须切己[2]用功。

---

① 代人作想：替他人设身处地着想。

② 切己：自己切实地。

【译解】

处理事情的时候，要多替别人着想，要换位思考；读书则必须自己切实地用功。

【原文】

一“信”[1]字是立身[2]之本，所以人不可无也；一“恕”[3]字是接物[4]之要，所以终身可行也。

---

① 信：信用、信誉。

② 立身：立足；安身。

③ 恕：推己及人之心。

④ 接物：与别人交际。

【译解】

一个“信”字是立身处世的根本，一个人如果失去了信用，就失去了根本，任何人都不愿意与之交往，所以人不可以没有信用；一个“恕”字是与他人交往时最重要的原则，因为“恕”即是推己及人，人能推己及人，便不会做出对不起他人的事，这样于己于人皆有益，所以值得终身奉行。

【原文】

人皆欲会说话，苏秦[1]乃因会说而杀身；人皆欲多积财，石崇[2]乃因多积财而丧命。

---

① 苏秦：战国时纵横家，口才极佳，游说六国合纵以抗秦，使秦国不敢窥函谷关有十五年，后至齐，为齐大夫派人所杀。

② 石崇：晋人，富可敌国，因生活豪奢遭忌而被杀。

【译解】

人人都希望自己有极佳的口才，但是战国的苏秦就是因为口才太好，才会被齐大夫派人暗杀；人人都希望自己能积存很多财富，然而晋代的石崇就是因为财富太多，遭人嫉妒，才招来杀身之祸。

【原文】

教小儿宜严，严气[1]足以平躁气[2]；待小人宜敬，敬心[3]可以化邪心[4]。

---

① 严气：严肃、严格的态度。

② 躁气：轻率、性急的脾气。

③ 敬心：尊重而谨慎的心。

④ 邪心：不正当的心思。

【译解】

教导小孩子要严格，因为小孩子天性顽皮毛躁，只有用严格的态度、严格的规矩，才能平抑他们浮躁的习性，让他们定下心来，促进他们成长；对心思不正的小人，最好以尊重而谨慎的心待他，因为小人心思偏邪，如果尊重他，并用行动感化他，就可以让他慢慢改变自己，改邪归正，所以说敬慎的心可以化解邪僻的心。

【原文】

善谋生[1]者，但令长幼内外，勤修恒业[2]，而不必富其家；善处事者，但就是非可否，审定章程[3]，而不必利于己。

---

① 谋生：维持生计。

② 恒业：家庭固定的产业。

③ 章程：办理事务的规则和程序。

【译解】

擅长维持生计的人，只让家里的男女老幼辛勤劳动以守护祖先留下的固定产业，而不一定要使家族富贵；善于处理事务的人，只就事情的对错以及是否能谨慎地制定出办理的规则和程序，而不必去考虑这件事一定要对自己有利。

【原文】

名利之不宜得者竟得之，福终为祸；困穷之最难耐者能耐之，苦定回甘。生资[①]之高在忠信[②]，非关机巧[③]；学业之美在德行[④]，不仅文章。

---

① 生资：指人的资质。

② 忠信：忠实诚信。

③ 机巧：机变巧妙。

④ 德行：道德品行。

【译解】

得到不该得的名声和利益，不要以为是幸运，这种“不宜得者”终究会成为祸害；最难以忍耐的贫穷和困厄，若能咬紧牙关忍耐度过，最后一定会苦尽甘来。人的资质高低，在于做人做事是否忠诚守信，而不在于善用心思，投机取巧；学有所成的人，主要是指他的道德高尚，品行美好，而不仅仅是他的文章写得好。

【原文】

风俗日趋于奢淫[①]，靡所底止[②]，安[③]得有敦古朴[④]之君子[⑤]，力挽江河[⑥]；人心日丧其廉耻，渐至消亡，安得有讲名节[⑦]之大人[⑧]，光争日月。

---

① 奢淫：奢侈放纵。

② 靡所底止：没有止境。

③ 安：如何。

④ 古朴：厚道而不浮华。

⑤ 君子：有才德的人。

⑥ 力挽江河：大力改变现有的不良现象。

⑦ 名节：名誉和气节。

⑧ 大人：这里意同君子。

【译解】

社会的风气日渐奢侈放纵，这种现象愈演愈烈，一直没有终止的迹象，怎么能找到使世风更加敦厚而不浮华的有才德的人，来尽力挽回这种江河日下的局面呢？世人已渐渐失去廉耻之心，再这样下去，人们的廉耻之心会彻底消亡，怎么能找到讲求名节的有德之士，用高洁光明犹如天上日月的人品，来照亮沉沦的世风呢？

【原文】

人心统[1]耳目官骸[2]，而于百体为君[3]，必随处见神明之宰[4]；人面合眉眼鼻口，以成一字曰苦（两眉为草，眼横鼻直而下承口，乃苦字也），知终身无安逸之时。

---

① 统：总管。
② 官骸：身躯，形体。
③ 百体为君：指心为全身之主宰。
④ 宰：治理。

【译解】

心统治着人的身体，可以说是身体的主宰，一定要随时随处保持正大光明的“初心”，才能使见闻言行不致出错；人的脸是合眉、眼、鼻、口而成，组成一个“苦”字（将两眉当作部首里的草头，把两眼看成一横，鼻子为一竖，下面承接着口，就是一个“苦”字），由此可知，人的一生是苦多于乐，没有绝对安闲逸乐的时候。

【原文】

伍子胥[①]报父兄之仇而郢都灭，申包胥[②]救君上之难而楚国存，可知人心足恃也；秦始皇灭东周之岁而刘季[③]生，梁武帝灭南齐之年而侯景[④]降，可知天道好还也。

---

① 伍子胥：春秋楚人，因其父兄为楚平王所杀而投吴，辅佐吴王夫差伐楚，五战而破楚都郢。

② 申包胥：春秋楚大夫，与伍子胥原为好友。伍子胥奔吴，告申包胥："我必覆楚。"申包胥答之："子能覆之，我必能兴之。"及吴师伐楚，包胥入秦乞援，依庭墙哭七日，秦乃出兵援楚，楚得以保全。

③ 刘季：汉高祖刘邦，汉朝的开国之君。

④ 侯景：南北朝时人，降梁武帝后又举兵反叛，围梁都建康，陷台城，使梁武帝被逼饿死。

【译解】

春秋时的伍子胥，为了报父兄之仇，誓言灭楚，终于破了楚的首都郢；而当时的申包胥则发誓保全楚国，在秦庭哭了七天，终于获得秦军救援，使楚国不致灭亡。由此可见，人只要信念坚定并决心去做，就一定能办得到。秦始皇灭东周那一年，灭秦立汉的刘邦也出生了；梁武帝灭南齐的那一年，侯景前来归降。由此可见天道循环，报应不爽。

【原文】

有才必韬藏[1]，如浑金璞玉[2]，暗[3]然而日章[4]也；为学无间断，如流水行云，日进而不已[5]也。

---

① 韬藏：深藏。

② 浑金璞玉：没有经过提炼的金与未经雕琢的玉，比喻天然的美质，未加修饰。

③ 暗：不明亮。

④ 章：同"彰"，显明的意思。

⑤ 已：停止。

【译解】

有才学的人一定深藏不露，犹如未经提炼的金与未经雕琢的玉一般，虽不炫人耳目，但日久便彰显出内涵价值了；做学问一定不能间断，要像不息的流水和飘浮的行云，永远不停地前进。

【原文】

积善之家，必有余庆[①]；积不善之家，必有余殃[②]。可知积善以遗子孙，其谋甚远也。贤而多财，则损其志；愚昧而多财，则益[③]其过。可知积财以遗子孙，其害无穷也。

---

① 余庆：遗及子孙的德泽。

② 余殃：遗及子孙的祸害。

③ 益：增加。

【译解】

凡是做很多好事的人家，必然遗留给子孙后代许多的德泽；而多行不善的人家，遗留给子孙后代的只是祸害。由此可知，多做好事，为子孙后代留些后福，这才是为子孙后代做最长远的打算。贤能又有许多金钱，这些金钱容易使他不求上进而耽于享乐；愚笨却有许多金钱，这些金钱只会让他增加更多的过失。由此可知，将金钱留给子孙，不论子孙贤或不贤，都是有害而无益的。

【原文】

每见待子弟严厉者易至成德[①]，姑息[②]者多有败行，则父兄之教育所系[③]也。又见有子弟聪颖者忽入下流[④]，庸愚者较为上达[⑤]，则父兄之培植所关也。人品之不高，总为一“利”字看不破；学业之不进，总为一“懒”字丢不开。德足以感人，而以有德当大权，其感尤速；财足以累己，而以有财处乱世，其累尤深。

---

① 成德：有才德的人。

② 姑息：无原则地宽容。

③ 系：关系。

④ 下流：品行低下。

⑤ 上达：成为品行高尚的人。

【译解】

常见对子孙后代要求严格的，子孙后代就比较容易成为有才德的人；对子孙后代太过宽容以至于放纵的，子孙后代的德行大多败坏，这完全是因为父兄教育的关系。又见到有些后辈原本聪明能干，却突然做出品行低下的事；有些原本平庸愚鲁，倒成为品德很好的人，这和父兄的栽培教养很有关系。一个人品格之所以不高尚，总是因为无法将一个“利”字看破；而学问之所以不长进，就是因为无法将一个“懒”字丢掉。能以道德感化他人的人，若身在高位而有威权，那么其示范作用就更强，感化众人的速度就更快了。财富多到成为负担的人，若处于乱世，钱财的拖累就显得更严重了。

【原文】

读书无论资性[①]高低，但能勤学好问，凡事思一个所以然，自有义理[②]贯通之日；立身不嫌家世贫贱，但能忠厚老成，所行无一毫苟且[③]处，便为乡党[④]仰望之人。

---

① 资性：资质秉性。

② 义理：指儒家学问。

③ 苟且：不守礼法、道义的随便行为。

④ 乡党：同乡、乡亲。

【译解】

读书不论资质高低，只要能够努力用功地学习，遇有不懂的问题多向别人请教，任何事都思考透彻，肯定会有对学问融会贯通的那一天。在社会上立身处世，不要嫌弃自己家境贫寒，只要为人忠厚老成，所作所为没有一丝一毫违背理法道义的地方，就能成为同乡们仰仗和尊敬的人。

【原文】

孔子何以恶[①]乡愿[②]，只为他似忠似廉，无非假面孔；孔子何以弃鄙夫[③]，只因他患得患失，尽是俗人心肠。

---

① 恶：厌恶、讨厌。

② 乡愿：外表忠厚老实内心奸诈的伪善者。

③ 鄙夫：鄙陋浅薄的人。

【译解】

孔夫子为什么厌恶伪善者呢？因为伪善者表面上看起来好像忠厚老实，其实是戴着面具，是装出来的；孔夫子为什么嫌弃鄙陋浅薄的人呢？因为他们做事情总是斤斤计较，忧虑得失，全都是庸俗的小心思。

【原文】

打算[①]精明，自谓得计[②]，然败祖父之家声[③]者，必此人也；朴实浑厚，初无甚奇，然培子孙之元气[④]者，必此人也。

---

① 打算：考虑、计划，这里指精打细算。

② 得计：计谋得逞。

③ 家声：家族世传的声名美誉。

④ 元气：中国哲学术语，指构成万物的原始物质，这里指人的精神。

【译解】

凡事都斤斤计较，精打细算，自以为计谋得逞，然而败坏祖宗家族名声美誉的，必定是这种人；品行俭朴而又敦厚的人，刚开始看起来并没有什么过人之处，然而能够培育子孙精气神的，一定是这种人。

【原文】

心能辨是非，处事方能决断[1]；人不忘廉耻，立身自不卑污[2]。

---

① 决断：做决定，拿主意。

② 卑污：卑鄙肮脏。

【译解】

心中能辨别什么是对的，什么是错的，在处理事情的时候，才能果断地做出决定；做人不忘记廉耻心，那么立身处世，自然就不会卑鄙肮脏。

【原文】

忠有愚忠[1]，孝有愚孝[2]，可知忠孝二字，不是伶俐[3]人做得来；仁有假仁，义有假义，可知仁义两行，不无奸恶人藏其内。

---

① 愚忠：不明事理，甚至盲目愚蠢地尽忠。

② 愚孝：不明事理，甚至盲目愚蠢地尽孝。

③ 伶俐：聪明、灵活。

【译解】

有不明事理甚至盲目愚蠢的忠，有不明事理甚至盲目愚蠢的孝，由此可知忠和孝两个字，不是聪明灵活的人能做到的。仁有虚假的仁，义有虚假的义，由此可知仁和义两种行为方式，不见得没有奸佞邪恶的人藏在其中。

【原文】

权势之徒，虽至亲亦作威福[1]，岂知烟云过眼[2]，已立见其消亡；奸邪之辈，即平地亦起风波[3]，岂知神鬼有灵，不肯听其颠倒。

① 作威福：即作威作福，恃仗权势，欺凌弱小，横行霸道。

② 烟云过眼：像烟云在眼前飘过，比喻极快消失的事物。

③ 风波：比喻纠纷或者乱子。

【译解】

有权有势的人，即便是面对最亲近的人也会作威作福，蛮不讲理，哪里知道权势就像过眼烟云一样转眼就会消散；奸佞邪恶之徒，即使在太平无事的时候，也会制造一些纠纷或乱子，哪里知道天地之间有鬼神在暗中监察，不会任由他们颠倒黑白，混淆是非。

【原文】

自家富贵，不着意里[①]，人家富贵，不着眼里，此是何等胸襟[②]；古人忠孝，不离心头，今人忠孝，不离口头，此是何等志量[③]。

---

① 意里：心上。

② 胸襟：胸怀和气度。

③ 志量：志气和度量。

【译解】

对于自己的富贵，不放在心上，至于别人的富贵，不羡慕嫉妒，这是何等宽广的胸怀和气度啊；古代的人把忠孝牢记在心，认真去做，现在的人，虽不如古人那么敬谨，却也对他人忠孝的行为时时去提倡，这又是何等的志气和度量啊。

【原文】

王者[1]不令人放生，而无故却不杀生，则物命[2]可惜也；圣人不责[3]人无过，唯多方诱之改过，庶[4]人心可回也。

---

① 王者：君王。

② 物命：万物的生命。

③ 责：苛求。

④ 庶：希望，但愿。

【译解】

君王不命令臣民放生，但是也不会无缘无故地滥杀生灵，因为世间万物的生命都应该被爱惜；圣人不苛求人们一定要没有过失，只是用各种方法引导人们改正过错，希望能让人心由恶向善。

【原文】

大丈夫[①]处事，论是非，不论祸福；士君子[②]立言，贵平正[③]，尤贵精详[④]。

---

① 大丈夫：有志气的男子。

② 士君子：指有节操、有学问的读书人。

③ 平正：公正，不偏颇。

④ 精详：精细周详。

【译解】

有志气的人在处理事情时，讲求的是对与错，并不考虑这样做是否为自己带来祸福；读书人在写文章或是著书立说的时候，重要的是公平端正不偏颇，尤其是要重视精细周详。

【原文】

存科名[1]之心者，未必有琴书之乐；讲性命学[2]者，不可无经济[3]之才。

---

① 科名：科举功名。

② 性命学：指生命形而上境界的学问。

③ 经济：经世济民。

【译解】

有求取功名利禄之心的人，不一定能享受到琴棋书画的乐趣；讲求生命形而上境界的学者，不能没有经世济民的才学。

【原文】

泼妇之啼哭怒骂，伎俩[1]要亦无多，唯静而镇之，则自止矣。谗人[2]之簸弄挑唆[3]，情形虽若甚迫，苟[4]淡然置之，是自消矣。

---

① 伎俩：手段、花样。

② 谗人：喜欢用言语毁谤他人的小人。

③ 簸弄挑唆：搬弄是非，造谣生事，挑拨离间。

④ 苟：如果。

【译解】

泼妇撒泼啼哭或者怒骂，她的手段和花样并没有多少，只要冷静有定力不理睬她，就能镇住她，那么她自然就会停止哭闹了。喜欢搬弄是非、造谣诽谤的小人，不断地混淆视听，挑拨离间，这种状况虽然让人非常窘迫被动，但如果不放在心上，保持淡定，置之不理，这自然就会消失。

【原文】

肯救人坑坎中，便是活菩萨[1]；能脱身牢笼外，便是大英雄。

---

① 菩萨：指具有慈悲与觉了之心，能普度众生于苦难迷惑，并引导众生成佛的人。这里比喻心地善良、能解救别人急难的人。

【译解】

愿意救助陷于苦难中的人，就如同菩萨再世；能摆脱尘世的名缰利锁，从俗务的牢笼中超脱出来，就是大英雄。

【原文】

气性[1]乖张[2]，多是夭亡[3]之子；语言深刻[4]，终为薄福之人。

---

① 气性：脾气性情。

② 乖张：性情怪僻、执拗，不讲情理。

③ 夭亡：早死，未成年而死。

④ 深刻：严峻苛刻。

【译解】

脾气性情怪僻或是执拗的人，大多是短命的；说话总是严峻苛刻的人，终究是福分浅薄的人。

【原文】

志不可不高，志不高，则同流合污[1]，无足有为矣；心不可太大，心太大，则舍近图远[2]，难期有成矣。

① 同流合污：被恶人所同化而跟着做坏事。
② 舍近图远：只想图谋远大的目标，而对就近可以完成的事不屑一顾。

【译解】

一个人的志趣不可以不高尚，如果志趣不高，就容易被不良的人和事情所影响，不能够有大的作为；一个人的野心不可太大，如果野心太大，就会好高骛远，舍弃眼前可行的事，而去追逐遥远的不能实现的目标，这样就很难有所成就。

【原文】

贫贱非辱[1]，贫贱而谄求[2]于人为辱；富贵非荣，富贵而利济于世为荣。讲大经纶[3]，只是实实落落；有真学问，决不怪怪奇奇。

---

① 辱：耻辱。

② 谄求：阿谀谄媚而求之。

③ 经纶：经世治国之学。

【译解】

贫穷与地位卑下并不是耻辱，因为贫穷或卑下便通过谄媚奉承去求别人才是耻辱；富裕和高贵本身不是光荣，富贵而能造福于社会和有利于他人才是光荣。讲经世治国的大学问，应当脚踏实地；真正有学问的人，绝不会有怪诞不经的言论和奇怪的行为。

【原文】

古人比父子为桥梓[①]，比兄弟为花萼[②]，比朋友为芝兰[③]，敦伦[④]者，当即物穷理也；今人称诸生曰秀才[⑤]，称贡生[⑥]曰明经[⑦]，称举人[⑧]曰孝廉[⑨]，为士者，当顾名思义也。

---

① 桥梓：也作“乔梓”，比喻父子关系。古人以乔木喻父，以梓木喻子，因为乔木高高在上，而梓木低伏在下。

② 花萼：花的组成部分之一，比喻兄弟关系，因为同出一枝，彼此相依。

③ 芝兰：香草名，后用来比喻朋友。

④ 敦伦：敦睦人伦。

⑤ 秀才：读书人的通称。

⑥ 贡生：科举时代因学行优良，被举荐升入太学的生员。

⑦ 明经：唐制以经义取士，谓之明经。

⑧ 举人：明朝、清朝在乡试中被录取的人。

⑨ 孝廉：明朝、清朝对举人的雅称。

【译解】

古时候的人把父子比喻为乔木和梓木，把兄弟比喻为花和萼，把朋友比喻为芝和兰，所以敦睦人伦的人，应当根据万物的事理推见人伦之理。现在的人称读书人为秀才，称贡生为明经，称举人为孝廉，作为读书人，应当根据这些名称，思考背后的内涵。

【原文】

父兄有善行，子弟学之或不肖[1]；父兄有恶行，子弟学之则无不肖；可知父兄教子弟，必正其身以率[2]之，无庸[3]徒事言词也。君子有过行[4]，小人嫉之不能容；君子无过行，小人嫉之亦不能容；可知君子处小人，必平其气以待之，不可稍形激切也。

---

① 不肖：不像、不如。

② 率：表率、榜样。

③ 无庸：无须，不必。

④ 过行：有瑕疵的行为。

【译解】

父辈兄长有好的行为，晚辈学起来可能学不像，也比不上；父辈兄长有不好的行为，晚辈学起来就没有不像的。由此可知长辈教育晚辈，必须首先端正自己的言行来做表率，不能只是口头说说。有道德的人行为有过失，小人会嫉妒而不包容；有道德的人即使没有过失，小人也会嫉妒而不包容。由此可知，君子和小人相处时，一定要用平和的心态对待他们，哪怕是稍微的急躁、急切都不能有。

【原文】

守身[1]不敢妄为[2]，恐贻[3]羞于父母；创业还需深虑，恐贻害于子孙。

---

① 守身：爱惜身体和节操。

② 妄为：胡作非为。

③ 贻：遗留。

【译解】

洁身自爱而不敢胡作非为，唯恐让父母蒙羞；创立事业时需要深思熟虑，唯恐给子孙留下祸患。

【原文】

无论作何等人，总不可有势利[1]气；无论习何等业，总不可有粗浮心。

---

① 势利：看重有财有势者，而轻视无财无势者。

【译解】

不管做哪一种人，都不能有嫌贫爱富、以财势来衡量人的习气；不论从事哪一种职业，都不能有粗疏草率而轻浮的心思。

【原文】

知道自家是何等身份，则不敢虚骄[1]矣；想到他日是那样下场，则可以发愤矣。

① 虚骄：没什么真才实学，却自大骄傲。

【译解】

知道自己的能力和素养，就不敢骄傲自满、妄自尊大了；想到以后是那样的后果，就该发愤努力了。

【原文】

常人突遭祸患，可决其再兴，心动于警励[1]也。大家渐及消亡[2]，难期其复振，势成于因循[3]也。

---

① 警励：告诫勉励。

② 渐及消亡：慢慢地走向衰败颓亡。

③ 因循：沿袭旧法，不知变通。

【译解】

平常人突然遭受了灾祸，可下决心重整旗鼓，是因为突发的灾祸使他警醒和奋勉。大户人家慢慢地走向衰败，就很难指望他们会重新振兴，这种局面的形成是因为他们沿袭旧法，不知变通。

【原文】

天地无穷期，生命则有穷期，去一日便少一日；富贵有定数[①]，学问则无定数，求一分便得一分。

---

① 定数：气数、命运，冥冥之中注定的东西。

【译解】

天地没有尽头，人的生命是有尽头的，只要逝去一天，生命就减少一天；人的富贵是命中注定的，学问却不是注定的，只要用功学习一分，就会有一分的收获。

【原文】

处事有何定凭[1]，但求此心过得去；立业[2]无论大小，总要此身做得来。

---

① 定凭：固定的依据。

② 立业：创立事业。

【译解】

为人处世哪里有什么固定的依据，只求问心无愧；创立事业无论事业大小，最重要的是自己要有能力应付。

【原文】

气性[1]不和平，则文章事功[2]，俱无足取；语言多矫饰[3]，则人品心术尽属可疑。

---

① 气性：气质性情。

② 文章事功：学问和事业。

③ 矫饰：做作而修饰。

【译解】

如果一个人的气质性情不能平和，那么他的学问和事业就都没有什么值得效法的地方；如果一个人的言语矫揉造作，那么他的人品和心性都令人怀疑。

【原文】

误用聪明，何若一生守拙[1]；滥交朋友，不如终日读书。

---

① 守拙：安于拙朴，不争名利，不学巧伪。

【译解】

把聪明用错了地方，不如一辈子谨守拙朴；不加选择地乱交朋友，还不如整天在家认真读书。

【原文】

看书须放开眼孔[1]，做人要立定脚跟。

---

① 放开眼孔：比喻放开眼界，打开心胸。

【译解】

看书必须要放开眼界，打开心胸，做人要坚定立场，坚持自己的原则。

【原文】

严[1]近乎矜，然严是正气，矜[2]是乖气，故持身贵严，而不可矜。谦似乎谄，然谦是虚心，谄是媚心，故处世贵谦，而不可谄。

---

① 严：庄严，严谨。

② 矜：慎重，拘谨。

【译解】

严谨和矜持看起来很相似，但严谨是一种正气，拘谨是一种偏执之气。所以为人处世贵在严谨庄重，而不能拘谨偏执。谦虚和谄媚看起来很相似，但谦虚是虚心的表现，谄媚是阿谀奉承、虚情假意。所以为人处世应该谦虚，不可谄媚。

【原文】

财不患[1]其不得，患财得而不能善用其财；禄[2]不患其不来，患禄来而不能无愧其禄。

---

① 患：忧虑。

② 禄：古代官吏的俸禄。

【译解】

不要忧虑得不到财富，只怕得到财富后不能好好地使用它；不要担心得不到俸禄，只怕得到俸禄后不能无愧于心地享用它。

【原文】

交朋友增体面[1]，不如交朋友益身心；教子弟求显荣[2]，不如教子弟立品行。

---

① 体面：面子。

② 显荣：显达，荣耀。

【译解】

与其交朋友增加自己的面子，不如交朋友来助益自己的身心；与其教导后辈追求荣华富贵，不如教导后辈树立高尚的品行。

【原文】

君子存心[①]，但凭忠信，而妇孺皆敬之如神，所以君子落得为君子；小人处世，尽设机关[②]，而乡党皆避之若鬼，所以小人枉做了小人。

---

① 存心：心里怀着的念头。

② 机关：心机，计谋。

【译解】

君子为人处世，但求忠诚守信，即便是妇女孩童都会像敬重神明一样敬重他，所以君子以成为君子为快乐；小人为人处世，处处用尽心机，即便是同乡都会像躲避鬼怪一样躲避他，所以小人枉费心机，白白地做了小人。

【原文】

求个良心[1]管我，留些余地[2]处人。

---

① 良心：良善之心。

② 余地：余裕，宽裕之处。

【译解】

做人要用良心来约束自己，与人相处要留余地给别人。

【原文】

一言足以召[1]大祸，故古人守口如瓶，唯恐其覆坠[2]也；一行足以玷终身，故古人饬躬若璧[3]，唯恐有瑕疵也。

---

① 召：同“招”，招惹之意。

② 覆坠：倾倒坠亡。

③ 饬躬若璧：指自我修养要洁身自好，白璧无瑕。饬，治理。躬，自己。

【译解】

一句话可以招来大祸，所以古人言谈十分谨慎，守口如瓶，唯恐有倾覆败亡的危险；一次错误的行为足以使一生的清白受到污损，所以古人洁身自好，以求白璧无瑕，唯恐有瑕疵和污点。

【原文】

颜子之不较[1]，孟子之自反[2]，是贤人处横逆之方；子贡之无谄，原思[3]之坐弦[4]，是贤人守贫穷之法。

---

① 较：计较。

② 自反：自我反省。

③ 原思：孔子的弟子原宪，字子思。

④ 坐弦：安坐弹琴。

【译解】

颜渊对冒犯自己的人不计较，孟子则自我反省，这是有贤德的人在遇人蛮横不讲理时的处理方法；子贡在贫穷时候不去阿谀奉承，子思在贫穷的时候安坐弹琴，这是有贤德的人在贫困中仍能自守的方法。

【原文】

观朱霞[1]，悟其明丽；观白云，悟其卷舒；观山岳，悟其灵奇[2]；观河海，悟其浩瀚；则俯仰间皆文章也。对绿竹，得其虚心；对黄华[3]，得其晚节；对松柏，得其本性；对芝兰[4]，得其幽芳；则游览处皆师友也。

---

① 朱霞：红色的云霞。

② 灵奇：空灵，奇异。

③ 黄华：菊花。菊经霜犹茂，比喻人晚年的节操坚贞。

④ 芝兰：香草名。

【译解】

观赏红霞，感悟它的灿烂美丽；观赏白云，感悟它的卷舒自如；观赏山岳，感悟它的空灵奇异；观赏河海，感悟它的浩瀚气象。所以天地之间到处都有好文章。面对绿竹，学习它的虚心；面对菊花，学习它处逆境而仍高风亮节；面对松柏，学习它傲然挺立的天性；面对芝兰，学习它幽远芬芳的品格。那么即使在游览与观赏的地方，也处处都是良师益友。

【原文】

行善济人，人遂得以安全，即在我亦为快意[①]；逞奸谋事，事难必其隐便，可惜他徒自坏心。

① 快意：心情愉快。

【译解】

做好事帮助别人，别人因此而得到保全，自己也会感到心情愉快；使用奸计，用手段去做事情，事情也未必就能稳妥顺利，可惜他白白使了坏心。

【原文】

不镜于水[①]，而镜于人，则吉凶可鉴[②]也；不蹶[③]于山，而蹶于垤[④]，则细微宜防也。

---

① 镜于水：以水为镜。

② 鉴：明察。

③ 蹶：跌倒。

④ 垤：小土堆。

【译解】

如果不以水为镜子，而以人为镜子，那么事情的吉凶祸福就可以观察清楚了；没有在山前跌倒，而在小土堆前跌倒，由此可见，愈是细微之处，愈要谨慎防范。

【原文】

凡事谨守规模[①]，必不大错；一生但足衣食，便称小康[②]。

---

① 规模：规矩，一定的规则与模式。

② 小康：指衣食无忧，生活安定。

【译解】

凡事只要谨慎地遵守规则，必定不会有大的差错；一辈子只要衣食无忧，就可以算作小康生活了。

【原文】

十分不耐烦[1]，乃为人之大病；一味学吃亏，是处事之良方。

---

① 不耐烦：不能忍耐烦琐之事。

【译解】

对人对事不能忍受烦琐，是做人的一个大缺点；一直抱着吃亏的态度，才是处理事情的好方法。

【原文】

习读书之业，便当知读书之乐；存为善之心，不必邀[1]为善之名。

---

① 邀：求取，求得。

【译解】

把读书当作事业的人，就应该明白读书的乐趣所在；存有做善事之心的人，就没有必要求取作为善人的名声。

【原文】

知往日所行之非[1]，则学日进矣；见世人可取者多，则德日进矣。

① 非：不是之处。

【译解】

知道自己过去做得不对的地方，那么学问就会日渐长进；看到他人可以学习的地方很多，那么自己的德行就会日渐提升。

【原文】

敬[1]他人，即是敬自己；靠自己，胜于靠他人。

---

① 敬：敬重。

【译解】

敬重他人，便是敬重自己；凡事依靠自己，胜过依靠他人。

【原文】

见人善行，多方赞成；见人过举[①]，多方提醒，此长者待人之道也。闻人誉言，加意奋勉[②]；闻人谤语，加意警惕，此君子修己之功也。

---

① 过举：有过失的举动和行为。

② 奋勉：发奋努力，尽力做。

【译解】

看到他人有良善的行为，要多多去赞扬；看到他人有过失的举动和行为，要多多去提醒，这是年纪大、德行高的人待人处世的方法。听到别人对自己赞誉的话，要更加用心努力，勉励自己；听到别人批评自己的话，要加倍警诫自己的言行，这是有道德的人修炼自己的做法。

【原文】

奢侈足以败家，悭吝[1]亦足以败家。奢侈之败家，犹出常情；而悭吝之败家，必遭奇祸。庸愚足以覆事[2]，精明亦足以覆事。庸愚之覆事，犹为小咎；而精明之覆事，必是大凶。

---

① 悭吝：小气，吝啬。

② 覆事：败坏事情。

【译解】

奢侈浪费足以使家道败落，吝啬小气也一样会使家道败落。奢侈浪费而败家，这还可以说是很寻常的情由；而吝啬小气导致的败家，必定是遭受了意想不到的灾祸。平庸愚钝足以使事情失败，而精明能干也可能使事情失败。平庸愚钝之人败坏事业，可能只是个小过错；精明能干之人败坏事业，必定遭遇非常严重的情形。

【原文】

种田人，改习尘市[①]生涯，定为败路；读书人，干与[②]衙门词讼[③]，便入下流[④]。

---

① 尘市：本义为城镇、城市，这里泛指市场上的商业行为。

② 干与：参与。

③ 衙门词讼：替人打官司。

④ 下流：微贱的地位。

【译解】

种田的人，改学做生意，从事商业活动，一定会走向失败；读书人参与衙门的诉讼之事，就是堕落到了微贱的地位。

【原文】

常思某人境界[1]不及我，某人命运不及我，则可以知足矣；常思某人德业[2]胜于我，某人学问胜于我，则可以自惭矣。

---

① 境界：境况。

② 德业：品德和事业。

【译解】

经常想想某个人的境况不如自己，某个人的命运比不上自己，就可以知足了；经常想想某个人的品德和事业比自己强，某个人的学问超过了自己，就应该感到惭愧了。

【原文】

读《论语》公子荆一章[①]，富者可以为法；读《论语》齐景公一章[②]，贫者可以自兴[③]。舍不得钱，不能为义士；舍不得命，不能为忠臣。

---

① 公子荆一章：出自《论语·子路》："子谓卫公子荆：'善居室，始有，曰："苟合矣。"少有，曰："苟完矣。"富有，曰："苟美矣。"'"孔子赞美卫公子荆，不但能知足，而且善于治家。

② 齐景公一章：出自《论语·季氏》："齐景公有马千驷，死之日，民无德而称焉。伯夷、叔齐饿于首阳之下，民到于今称之。其斯之谓欤？"

③ 自兴：自我勉励。

【译解】

读《论语》公子荆那一章，富有的人可以效法公子荆的做法；读《论语》齐景公那一章，贫穷的人可以从伯夷、叔齐的故事中得到启发，因此而勉励自己见贤思齐。舍不得金钱，就不可能成为义士；舍不得性命，就不可能成为忠臣。

【原文】

富贵易生祸端，必忠厚谦恭，才无大患[①]；衣禄[②]原有定数，必节俭简省，乃可久延[③]。

① 大患：大的祸害。

② 衣禄：衣食福分。

③ 久延：长久延续。

【译解】

荣华富贵容易招来灾祸，必须保持忠厚谦恭的态度，才能避免大的祸害；一个人的衣食福分原本都是有定数的，必须俭省节约，才能使福禄长久。

【原文】

作善降祥①，不善降殃②，可见尘世之间已分天堂地狱；人同此心，心同此理，可知庸愚之辈不隔圣域③贤关④。

---

① 降祥：降下吉祥。

② 降殃：降下灾祸。

③ 圣域：圣人的境界。

④ 贤关：比喻进入仕途的道路。

【译解】

做善事得到好报，做恶事得到恶报，由此可见，人世间就有天堂与地狱的区别；人的心是相同的，心中具有的理性也是相通的，由此可知，庸愚之辈通往圣贤的道路并没有阻隔。

【原文】

和平处事，勿矫俗[1]为高；正直居心，勿设机[2]以为智。

---

① 矫俗：故意违背习俗。

② 设机：玩弄心机。

【译解】

为人处世要心平气和，不要把违背习俗当作高明；要秉持正直的公心，不要把玩弄心机当作聪明。

【原文】

君子以名教[1]为乐，岂如嵇阮之逾闲[2]；圣人以悲悯为心，不取沮溺[3]之忘世。

---

① 名教：指人伦之教、圣人之教；亦为儒教的别称。

② 逾闲：指逾越规范、法度。

③ 沮溺：沮指长沮，溺指桀溺，他们都是春秋时的隐士。

【译解】

读书人应该以研习儒家学问为乐事，怎能像嵇康、阮籍那样放浪形骸，逾越规范呢？圣人怀着悲天悯人的心，不效法长沮、桀溺这样的隐士避世归隐，从而忘掉自己胸怀天下的责任。

【原文】

纵子孙偷安[1]，其后必至耽酒色而败门庭；教子孙谋利，其后必至争赀财[2]而伤骨肉[3]。

---

① 偷安：不管将来，只图眼前的安逸。

② 赀财：财产，钱财。

③ 骨肉：比喻至亲。

【译解】

放纵子孙只图取眼前的安逸，子孙以后一定会沉湎于酒色而败坏门风；专门教子孙谋求利益，必然会导致子孙因争夺财产而彼此伤害。

【原文】

谨守父兄教诲，沉实[①]谦恭，便是醇潜[②]子弟；不改祖宗成法[③]，忠厚勤俭，定为悠久人家。

---

① 沉实：稳重笃实。

② 醇潜：醇厚而深沉。

③ 祖宗成法：祖宗所遗留下来的老规矩、老方法。

【译解】

牢记并遵守父兄的教诲，为人稳重谦虚，就是敦厚沉稳的好子弟；不改变祖宗留下来的老规矩，忠厚勤俭，家道必定能历久不衰。

【原文】

莲朝开而暮合，至不能合，则将落矣，富贵而无收敛意者，尚其鉴之[1]。草春荣而冬枯，至于极枯，则又生矣，困穷而有振兴志者，亦如是也。

---

① 尚其鉴之：希望以此为鉴。

【译解】

莲花早晨开放，傍晚就合拢起来，到了不能合拢的时候，就即将凋落了，富贵而不知收敛的人，最好能从莲花的盛开和凋谢中有所借鉴。草木春天茂盛而冬天干枯，等枯萎到了极限，就又会重新生发，家境穷困而有振兴志向的人，应当从草木荣枯中有所借鉴。

【原文】

伐字从戈，矜字从矛，自伐自矜[1]者，可为大戒；仁字从人，义字从我，讲仁讲义者，不必远求。

① 自伐自矜：自夸功劳，自负自大。

【译解】

伐字中有“戈”，矜字中有“矛”，自夸自大的人，要以这两个字中的“杀伐之气”为大戒，因为自伐自矜必自伤；仁字中有“人”，义字中有“我”，可见讲求仁义的人，不必舍近求远，要从我做起，因为有人、有我的地方，就有仁义。

【原文】

家纵贫寒，也须留读书种子；人虽富贵，不可忘稼穑艰辛[①]。

① 稼穑艰辛：种植与收割的艰难和辛苦。

【译解】

纵使家境贫寒，也要让家里有读书之人；即便富贵人家，也不可忘记耕种劳作的艰难和辛劳。

【原文】

俭可养廉，觉茅舍竹篱，自饶[1]清趣[2]；静能生悟，即鸟啼花落，都是化机[3]。一生快活皆庸福[4]，万种艰辛出伟人。

① 饶：富有。

② 清趣：清雅的趣味。

③ 化机：造化的奥妙。

④ 庸福：平凡人的福气。

【译解】

勤俭可以培养廉洁的品性，发觉竹篱围绕的茅屋，也富有清雅的趣味；清净能生发悟性，即便是鸟儿鸣啼，花开花落，都蕴含着造化的奥妙。一辈子快乐无愁只是平凡人的福气，经历无数种艰难困苦，才能锻造出伟人。

【原文】

济世虽乏赀财，而存心方便[1]，即称长者[2]；生资虽少智慧，而虑事精详，即是能人。

---

① 存心方便：心中想着便利他人。

② 长者：德行、名望都很高的人。

【译解】

虽然没有金钱去帮助世人，但只要心中想着予人方便，就称得上是一个有德的长者；虽然天生的资质不够聪明，但只要考虑事情周详细致，就是一个有能力的人。

【原文】

一室闲居，必常怀振卓心[①]，才有生气；同人聚处，须多说切直话[②]，方见古风[③]。

---

① 振卓心：振奋高远的心。

② 切直话：实在而正直的话。

③ 古风：古代贤人的风范。

【译解】

安闲居住时，必须要时常怀着振奋高远的心志，才能显露出生机勃勃的气象；和别人相处时，要多说实在而正直的话，才能体现出古代贤人的风范。

【原文】

观周公之不骄不吝[1]，有才何可自矜；观颜子之若无若虚，为学岂容自足。门户[2]之衰，总由于子孙之骄惰；风俗之坏，多起于富贵之奢淫。

---

① 不骄不吝：不骄狂，不鄙吝。

② 门户：门第家族。

【译解】

看到周公这样的圣人都不骄傲、不鄙吝，有才能的人有什么理由自负自大呢？看到颜渊这样的人都虚怀若谷，不炫耀、不张扬，那么普通人做学问又怎能容许自己自满呢？家族的衰败，总是因为子孙骄傲懒惰；社会风气的败坏，大多由于人们对富贵的过度追求和奢侈之风。

【原文】

孝子忠臣，是天地正气所钟[①]，鬼神亦为之呵护；圣经贤传，乃古今命脉所系，人物[②]悉赖以裁成。

---

① 钟：聚集，汇集。

② 人物：有突出贡献和杰出成就的人。

【译解】

孝子和忠臣，是天地之间的浩然正气汇聚而成，连鬼神都会爱惜保护他们；圣贤的经书典籍，维系着古今社会人伦和文化命脉，有突出贡献和杰出成就的人，都是靠着读圣贤书、行圣贤路才成就自我的。

【原文】

饱暖人所共羡。然使享一生饱暖，而气昏志惰[①]，岂足有为？饥寒人所不甘。然必带几分饥寒，则神紧骨坚[②]，乃能任事[③]。

---

① 气昏志惰：神气昏黯，志气怠惰。

② 神紧骨坚：精神抖擞，意志坚强。

③ 任事：担当大事。

【译解】

衣食无忧是人人都羡慕的事情。但是人如果一辈子都享有衣食无忧的物质生活，精神上却昏黯怠惰，那又能有什么作为呢？忍饥受寒是人们不愿意承受的事。但是必须在带有几分饥寒的生活里，人才会精神抖擞，意志坚强，这样才能担当大事。

【原文】

愁烦中具潇洒[①]襟怀，满抱皆春风和气；暗昧[②]处见光明世界，此心即白日青天。

---

① 潇洒：自然大方，不拘束。

② 暗昧：昏暗，隐晦，不明朗。

【译解】

在愁闷烦恼中，如果能具有豁达而无拘无束的胸怀，那么心中都是春风一样的温暖和气；在昏暗不明的环境里，如果能够看到光明的世界，那么内心就能像青天白日般开阔明亮。

【原文】

势利人装腔做调，都只在体面[1]上铺张，可知其百为皆假；虚浮[2]人指东画西，全不向身心内打算，定卜其一事无成。

---

① 体面：面子，表面。

② 虚浮：不切实。

【译解】

势利的人喜欢装模作样，只知道在表面上下功夫，由此可以知道他所作所为都是虚假的；不切实际的人东拉西扯，完全不从自己的内心修养下功夫，可以料定他什么事都干不成。

【原文】

不忮不求[①]，可想见光明境界；勿忘勿助，是形容涵养功夫。

① 不忮不求：不嫉妒，不贪求。

【译解】

如果一个人可以做到不嫉妒、不贪求，就能够达到浩大光明的境界；在完善自我的道路上，既要不忘记培养正气，又不能拔苗助长，急于求成，这才是有涵养的修为。

【原文】

数[1]虽有定，而君子但求其理[2]，理既得，数亦难违；变固宜防，而君子但守其常[3]，常无失，变亦能御。

---

① 数：定数，命运。
② 理：合于万事万物的道理和法则。
③ 常：规律。

【译解】

命运虽然有定数，但君子只要追求合于万事万物的道理和法则，明白了这些法则和道理后，会发现即便是命运也不能违背规律；变化和变数固然需要防备，但君子只要能持守常道，只要常道不失去，再多的变化也能抵御。

【原文】

和为祥气，骄为衰气，相人者[1]不难以一望而知；善是吉星，恶是凶星，推命者岂必因五行[2]而定？

---

① 相人者：看相算命的人。

② 五行：金、木、水、火、土。

【译解】

平和是一种祥瑞之气，骄傲是一种衰败之气，看相算命的人一眼就能看出来，并不困难；善良是吉星，恶毒是凶星，推算命运的人哪里必须要按照五行才能判定祸福呢？

【原文】

人生不可安闲，有恒业[1]，才足收放心[2]；日用必须简省，杜奢端，即以昭俭德。

① 恒业：固定的产业。
② 放心：任性放逸之心。

【译解】

人生在世不能沉湎于安逸闲适，有了固定的产业，才能够收敛住任性放逸之心；日常生活用度必须简单节省，杜绝奢侈的苗头，就能够彰显节俭的美德。

【原文】

成大事功，全仗着秤心斗胆[①]；有真气节，才算得铁面铜头[②]。

---

① 秤心斗胆：比喻心志坚定，胆识过人。

② 铁面铜头：比喻公正严明，不畏权势。

【译解】

能够成大事立大功的人，完全靠着坚定的心志和过人的胆识；真正有气节的人，才算得上铁面无私，不畏权势。

【原文】

但责己，不责人，此远怨[1]之道也；但信己，不信人，此取败之由也。

① 远怨：远离怨恨。

【译解】

只责备自己，不责备别人，这是远离怨恨的方法；只相信自己，不相信别人，这是走向失败的原因。

【原文】

无执滞[①]心，才是通方士[②]；有做作气，便非本色[③]人。

① 执滞：偏执，固执。

② 通方士：通达事理的人。

③ 本色：本来面目。

【译解】

没有偏执固执之心，才是通达事理的人；有矫揉造作的习气，就不是秉持本色的人。

【原文】

耳目口鼻，皆无知识之辈，全靠其心作主人；身体发肤，总有毁坏之时，要留个名[①]称后世。

① 名：这里指名声。

【译解】

耳朵、眼睛、嘴巴、鼻子都是不能够思想的器官，完全依赖心和脑来作为它们的主宰；身体肌肤，总会有毁坏的时候，所以要给后世留下一个好名声。

【原文】

有生资[①]，不加学力[②]，气质究难化也；慎大德，不矜细行[③]，形迹终可疑也。

---

① 生资：天生的禀赋和资质。

② 学力：学习的功力。

③ 不矜细行：不重视细节。

【译解】

一个人有很好的天赋，但如果不用功学习，那么他的脾气性情终究难以产生明显的改变；只在大的行为上谨慎，却不重视细节，那么他的言行终究还是不能让人信任的。

【原文】

世风之狡诈多端，到底忠厚人颠扑不破[①]；末俗[②]以繁华相尚，终觉冷淡处趣味弥长[③]。

---

① 颠扑不破：无论怎样摔打都不破，比喻永远不会被推翻。

② 末俗：世俗之人，指一般平庸的人。

③ 趣味弥长：趣味更加长久。

【译解】

世俗的风气狡猾欺诈，花样繁多，但是忠厚的人无论如何都会立于不败之地；世俗之人以追求繁华为时尚，但最终会感觉到肃静淡雅之处的趣味才更加悠长。

【原文】

能结交直道[①]朋友，其人必有令名[②]；肯亲近耆德老成[③]，其家必多善事。

---

① 直道：正直。

② 令名：美好的名声。

③ 耆德老成：德行高尚受人尊敬的老人。

【译解】

能够结交正直的朋友，这样的人一定享有美好的名声；愿意亲近德高望重的老人，他的家庭一定会常有好事。

【原文】

为乡邻解纷争，使得和好如初，即化[①]人之事也；为世俗谈因果，使知报应不爽[②]，亦劝善之方也。

---

① 化：化育，感化。

② 不爽：没有差错。

【译解】

为同乡邻里解决纷争，使大家和好如初，这便是感化教育人的事情；给普通人讲因果报应的道理，使他们知道善恶报应从来不会有差错，也是劝人为善的方法。

【原文】

发达虽命定，亦由肯做功夫；福寿虽天生，还是多积阴德[1]。

---

① 阴德：迷信的人指在人世间所做的而在阴间可以记录功德的好事。

【译解】

人的富贵发达虽然是命运注定，但是也取决于努力奋斗；人的福分寿命虽然是有定数的，但还是要多做善事来积阴德。

【原文】

常存仁孝心，则天下凡不可为者皆不忍为，所以孝居百行[①]之先；一起邪淫念，则生平极不欲为者皆不难为，所以淫是万恶之首。

---

① 百行：各种行为和德行。

【译解】

一个人心中常存有仁心和孝心，那么世上任何不能做的事情都不会忍心去做，所以孝排在各种行为和德行的最前面；人一旦起了邪淫的念头，那么平生极不愿意做的事都不再难做了，因此淫排在所有恶行的首位。

【原文】

自奉[1]必减几分方好，处世能退一步为高。

---

① 自奉：自己日常生活的花费。

【译解】

自己日常生活的花费一定要减少一些才好；与人相处，凡事能退一步才是高明。

【原文】

守分安贫，何等清闲，而好事者偏自寻烦恼；持盈保泰[1]，总须忍让，而恃强者乃自取灭亡。

---

① 持盈保泰：在富贵极盛的时候要小心谨慎，避免灾祸，以保平安。盈，满。泰，平安。

【译解】

守住本分而安贫乐道，这是多么清闲自在的事啊，然而好事的人偏偏要自找烦恼；在富贵极盛的时候，一定要小心谨慎，凡事忍让，以保平安，而恃强的人等于是自取灭亡。

【原文】

人生境遇[1]无常，须自谋吃饭之本领；人生光阴易逝，要早定成器[2]之日期。

---

① 境遇：环境的变化和个人的遭遇。

② 成器：成为有用的人。

【译解】

人生的环境和遭遇变化不定，必须要谋求养活自己的一技之长；人生的时光短暂易逝，要尽早给自己定下成为有用之人的期限。

【原文】

川学海而至海，故谋道[1]者不可有止心；莠[2]非苗而似苗，故穷理者不可无真见。

---

① 谋道：追求学问和道理。

② 莠：草名，即狗尾草，样子很像谷子。

【译解】

河流学习大海的兼容并蓄，最后终能汇入大海，所以追求学问和道理的人不可有懈怠和自满之心；莠草长得像禾苗，但它并不是禾苗，所以探究真理的人不能没有真知灼见，否则便容易被蒙蔽。

【原文】

守身必谨严，凡足以戕[1]吾身者宜戒之；养心须淡泊，凡足以累吾心者勿为也。

---

① 戕：损害，伤害。

【译解】

持守自己的人格操守必须谨慎严格，凡是足以损害自己操守的行为，都应该戒除；颐养自己的心灵必须要淡泊宁静，凡是让我们的心灵疲惫的事，都不要去做。

【原文】

人之足传[1]，在有德，不在有位；世所相信，在能行，不在能言。

---

① 足传：值得让人传颂。

【译解】

一个人值得被人传颂，在于他有高尚的品德，而不在于他有很高的地位；世人所相信的，是那些脚踏实地地行动的人，而不是那些嘴里说得好听的人。

【原文】

与其使乡党有誉言[1]，不如令乡党无怨言；与其为子孙谋产业[2]，不如教子孙习恒业。

---

① 誉言：赞誉的言辞。

② 产业：田地、房屋等能够生利的叫作产业。

【译解】

与其让同乡们赞誉有加，不如让同乡们对自己没有怨言；与其为子孙谋求田产房屋，不如教导他们学习长久谋生的本领。

【原文】

多记先正[1]格言，胸中方有主宰；闲看他人行事，眼前即是规箴[2]。

---

① 先正：先圣先贤，泛指前代的贤人。

② 规箴：劝诫规谏。规，画圆形的器具。箴，以告诫规劝为主的一种文体。

【译解】

多记住先圣先贤立身处世的格言，心中才会有正确的主见；常看看他人做事的得失，便可作为我们行事的法则。

【原文】

陶侃运甓[①]官斋，其精勤可企而及也；谢安[②]围棋别墅，其镇定非学而能也。

---

① 陶侃运甓：晋朝时候的陶侃在担任广州刺史时，为了督促自己勤勉，每天早晨搬一百块砖到官署外面，晚上又把砖从外面搬到官署之内。甓，砖的一种。

② 谢安：东晋人。淝水之战时，作为东晋卫将军的谢安面对强敌镇定自若，丝毫不惊慌，闲时仍与友人在别墅下棋，当捷报传来时，谢安仍然不动声色。

【译解】

晋代的陶侃，在公务之余，每天以搬运砖头来督促自己勤勉，他的这种精勤，我们通过努力也能做到。晋代的谢安，在两军交战时，仍然镇定自若地在别墅和朋友下棋，这种镇定超然的境界，不是我们效法就能学来的。

【原文】

但患我不肯济人[1]，休患我不能济人；须使人不忍欺我，勿使人不敢欺我。

---

① 济人：救济、帮助别人。

【译解】

只怕自己不肯发善心去帮助别人，而不怕自己没有能力去帮助别人；要让别人因为自己的德行好而不忍心欺负自己，而不是让别人因为畏惧才不敢欺侮自己。

【原文】

何谓享福之人？能读书者便是。何谓创家[①]之人？能教子者便是。

① 创家：创立家业。

【译解】

什么是享福的人呢？能读书的人就是。什么样的人是创立家业的人？会教育引导子弟的人就是。

【原文】

子弟天性未漓[1]，教易行也，则体孔子之言以劳之，勿溺爱以长其自肆[2]之心。子弟习气已坏，教难行也，则守孟子之言以养之，勿轻弃以绝其自新之路。

---

① 漓：浅薄。

② 自肆：自我放纵。

【译解】

当子弟的天性还没有完全形成的时候，教导他们是不难的，因此应该让他们多多体会孔子的言辞，勤学多思，而不能溺爱，以助长他们自我放纵之心。当子弟的习性已经败坏，养成了坏习惯，不易教导时，要遵照孟子的言辞来教养他们，不要轻易放弃，使他们失去改过自新的机会。

【原文】

忠实而无才，尚可立功，心志专一也；忠实而无识，必至偾[①]事，意见多偏也。

① 偾：败坏，破坏。

【译解】

一个人忠诚老实却没有什么才能，仍然可以立下功劳，因为这样的人心志专一；一个人忠诚老实，却没有什么见识，就一定会败事，因为他的意见大多偏执狭隘。

【原文】

人虽无艰难之时，却不可忘艰难之境；世虽有侥幸[1]之事，断不可存侥幸之心。

---

① 侥幸：由于偶然的原因而得到成功或免去灾害。

【译解】

一个人即使没有经历过艰难困苦，但也不可忘记艰难困苦的境遇；世界上虽然有侥幸的事情，但万万不可总是抱着侥幸的心态。

【原文】

心静则明，水止乃能照物；品超斯远[1]，云飞而不碍空。

---

① 品超斯远：人品高尚才能境界高远。

【译解】

心静下来后自然明澈，就像静止的水能映照万物一样；人品高尚才能境界高远，就像是云彩满天飘飞仍然遮不住天空的高远开阔。

【原文】

清贫乃读书人顺境，节俭即种田人丰年[1]。

---

① 丰年：丰收之年。

【译解】

家境清贫对于读书人来说，才是顺利的境遇；俭省节约对于种田人来说，才是真正丰收的年景。

【原文】

正而过则迂[1]，直而过则拙，故迂拙之人犹不失为正直；高或入于虚，华或入于浮，而虚浮之士究难指为高华。

---

① 迂：言行、见解陈旧不合时宜。

【译解】

做人太过刚正就显得迂腐，太过直率则显得拙笨，但这两种人还都称得上是正直的人；理想太高可能会成为空想，过于华美有时会变得虚浮，这两种人终究难以成为真正品行美好的人。

【原文】

人知佛老[1]为异端，不知凡背乎经常[2]者皆异端也；人知杨墨[3]为邪说，不知凡涉于虚诞者皆邪说也。

---

① 佛老：佛教和老子的学说。

② 经常：常理。

③ 杨墨：以杨朱和墨子为代表的学说。

【译解】

有的人认为佛家和老子的学说是异端，却不知道凡是有违常理的学说都是异端；有的人认为杨朱和墨子的学说是邪说，却不知道凡是涉及荒诞虚妄的学说都是邪说。

【原文】

图功[1]未晚，亡羊尚可补牢；浮慕[2]无成，羡鱼何如结网。

---

① 图功：追求功业。

② 浮慕：凭空羡慕。

【译解】

追求功业任何时候都不算晚，就像羊跑掉后及早修补羊圈，还是可以补救的；凭空羡慕是没有用的，希望得到水中的鱼，不如尽快地结网。

【原文】

道本足于身，切实求来，则常若不足矣；境难足于心，尽行[①]放下，则未有不足矣。

① 尽行：完全。

【译解】

真理本来就在人的天性之中，即便努力去追求，还是会常常感到不足；外在的事物很难令人心中的欲念满足，如果能完全放下，就没有什么不满足了。

【原文】

读书不下苦功，妄想显荣[1]，岂有此理？为人全无好处，欲邀福庆，从何得来？

---

① 显荣：显达荣耀。

【译解】

读书不用功苦读，却妄想着要显达荣耀，天下哪里有这样的道理？做人对他人没有一点好处，却妄想得到福分和好事，也不想想这福报该从何处得来呢？

【原文】

才觉己有不是，便决意改图[1]，此立志为君子也；明知人议其非，偏肆行无忌，此甘心做小人也。

---

① 改图：改变方向，变更计划。

【译解】

刚觉察到自己有不对的地方，就下决心改正，这就是立志要做一个正人君子；明明知道有人在议论自己的缺点，却偏偏放肆地我行我素，无所忌惮，这就是甘心做一个小人。

【原文】

淡中交[①]耐久，静里寿延长。

---

① 淡中交：指淡如水的君子之交。

【译解】

在平淡之中交往的朋友，能耐得住时间的考验，往往能维持很久；宁静平和的心境，能够福寿绵长。

【原文】

凡遇事物突来，必熟思审处，恐贻[1]后悔；不幸家庭衅起[2]，须忍让曲全，勿失旧欢。

---

① 贻：留下。

② 衅起：有了纷争。

【译解】

遇到突然发生的事情，一定要细致审慎地思考，然后慎重地处理，以免留下遗憾而后悔；家中不幸起了纷争，一定要尽量忍让，委曲求全，不要失去往日的和睦友好。

【原文】

聪明勿使外散，古人有纩[①]以塞耳，旒[②]以蔽目者矣；耕读何妨兼营，古人有出而负耒[③]，入而横经[④]者矣。

---

① 纩：棉絮。

② 旒：古代帝王礼帽前后的玉串。这里指帽子前面下垂的饰带。

③ 耒：耕田用的农具。

④ 横经：捧着经书。

【译解】

聪明的人要懂得收敛，不要让聪明太过外露，正如古人用棉花塞住耳朵，用帽饰遮挡视线；耕种和读书不妨兼顾起来，古人就有日出扛着农具去耕作，日暮手捧经书阅读的习惯。

【原文】

身不饥寒，天未曾负我；学无长进[1]，我何以对天。

① 长进：增长进步。

【译解】

身体没有饥饿寒冷，可见上天不曾亏待我；如果自己的学问没有增长进步，那么我有何脸面去面对上天呢？

【原文】

不与人争得失，唯求己有知[1]能。

---

① 知：智慧。

【译解】

不去和别人争成功或失败，只要求自己有智慧和能力。

【原文】

为人循矩度[①]，而不见精神，则登场之傀儡也；做事守章程[②]，而不知权变[③]，则依样之葫芦也。

---

① 矩度：规矩法度。

② 章程：书面写定的组织规程或办事条例。

③ 权变：随机应变。

【译解】

为人处世如果只知道遵循规矩条例，而没有自己的主见，那么就是戏台上被人操控的木偶；做事只知道循规蹈矩，而不知道随机应变，那么只不过是照着别人画的葫芦的样子模仿罢了。

【原文】

文章是山水化境[1]，富贵乃烟云幻形。

① 化境：变幻之境，指极高的境界。

【译解】

文章就像山水一般，千变万化能入化境；富贵就像烟云一样，是虚无易散的影像。

【原文】

郭林宗[1]为人伦之鉴，多在细微处留心；王彦方[2]化乡里之风，是从德义中立脚。

---

① 郭林宗：名郭泰，字林宗，东汉山西介休人。博学多才，好品评人物，善于观察人伦道德，人称“有道先生”。

② 王彦方：名王烈，字彦方，东汉太原人。品德高尚，善于用德行感化乡里，善于调解邻里的纷争。

【译解】

郭林宗在鉴察人伦道德的时候，多从细节处入手；王彦方在教化乡里风气的时候，是以道德和正义为根本的。

【原文】

天下无憨人[1]，岂可妄行欺诈；世上皆苦人，何能独享安闲。

① 憨人：愚笨的人。

【译解】

天下没有真正愚笨的人，怎么可以肆意地去欺诈别人呢？世上大都是吃苦受累的人，怎能独自安享闲适的生活呢？

【原文】

甘受人欺，定非懦弱；自谓予智[①]，终是糊涂。

---

① 予智：聪明绝顶。

【译解】

甘愿受人欺侮的人，一定不是懦弱的人；自认为聪明绝顶的人，终究还是糊涂的人。

【原文】

漫夸[1]富贵显荣，功德文章要可传诸后世；任教声名煊赫[2]，人品心术[3]不能瞒过史官。

---

① 漫夸：胡乱、随意地夸大。

② 煊赫：形容名声大，声势很盛。

③ 心术：居心（多指坏的），心计。

【译解】

随意夸耀荣华富贵，也该有值得流传后世的功德或文章才是；无论声名气势多么显赫，但个人的品行和居心是无法欺瞒记载历史的史官的。

【原文】

神传于目，而目则有胞[1]，闭之可以养神也；祸出于口，而口则有唇，阖[2]之可以防祸也。

---

① 胞：上下眼皮。

② 阖：关闭。

【译解】

人的精神往往由眼睛来传达，而眼睛则有上下眼皮，闭上之后可以养心神；祸端从嘴里传出来，而嘴巴有上下嘴唇，闭上之后就可以防止祸从口出。

【原文】

富家惯习骄奢[1]，最难教子；寒士欲谋生活，还是读书。

① 骄奢：骄纵奢侈。

【译解】

富贵之家习惯了骄纵奢侈，最难的就是教育孩子；贫困的人想要谋取生存之道，还是要靠读书。

【原文】

人犯一苟[1]字，便不能振；人犯一俗字，便不可医。

---

① 苟：马虎，随便。

【译解】

人只要有了马虎随便的毛病，就无法振作起来；人只要流于俗气，就是用药也无法挽救。

【原文】

有不可及之志，必有不可及之功；有不忍言[1]之心，必有不忍言之祸。

① 不忍言：发现错误而不忍心去指责和纠正。

【译解】

有常人所不能企及的远大志向，必然能成就旁人所不能企及的功业；不忍心去指责和纠正别人的过错，必然会遭受因此带来的祸患。

【原文】

事当难处[1]之时，只让退一步，便容易处矣；功到将成之候，若放松一着，便不能成矣。

① 难处：难以处理。

【译解】

事情难以处理的时候，只要能够退让一步，就容易处理了；功业到了即将成功的时候，如果稍有放松懈怠，就无法成功了。

【原文】

无财非贫，无学乃为贫；无位非贱，无耻乃为贱；无年非夭[①]，无述[②]乃为夭；无子非孤[③]，无德乃为孤。

---

① 夭：短命夭折。

② 无述：没有值得记述的。

③ 孤：老而无子。

【译解】

没有钱财不算贫穷，没有学问才是真正的贫穷；没有地位不算卑贱；没有廉耻心才是真正的卑贱；活得不长久不算短命，没有值得记述的事迹才算短命；老而无子不算孤独，没有道德才是真正的孤独。

【原文】

知过能改，便是圣人之徒；恶恶[①]太严[②]，终为君子之病。

---

① 恶（wù）恶（è）：前“恶”作动词解，指厌恶、憎恶；后“恶”作名词解，指坏人坏事。

② 严：严厉。

【译解】

知道自己的过错而加以改正，就是圣人的门徒；打击恶人太过严厉，终究会成为君子的过失。

【原文】

士必以诗书为性命①，人须从孝悌②立根基。

---

① 性命：安身立命的根本。

② 孝悌：孝顺父母，尊重爱护兄弟姐妹。

【译解】

读书人必须以诗书作为安身立命的根本，做人必须从孝悌上立下基础。

【原文】

德泽[1]太薄，家有好事，未必是好事，得意者何可自矜？天道最公，人能苦心，断不负苦心，为善者须当自信。

① 德泽：自身的品德和对他人的恩泽。

【译解】

自身的品德不高，对他人的恩泽不厚，即使家中有好事降临，未必真的是好事，得意的人有什么值得自我夸耀呢？天道是最公平的，人能苦其心志，发奋努力，上天一定不会辜负这份苦心，行善的人要相信这一点。

【原文】

把自己太看高了，便不能长进；把自己太看低了，便不能振兴[1]。

---

① 振兴：使发展兴盛。

【译解】

把自己评估得过高，便不会有进步；把自己评估得太低，就不能发展兴盛。

【原文】

古之有为之士，皆不轻为之士；乡党好事之人，必非晓事[①]之人。

① 晓事：明白事理。

【译解】

古往今来，凡有所作为的人，都不是轻率做事情的人；在乡里，凡是好管闲事的人，一定不是明白事理的人。

【原文】

偶缘[1]为善受累，遂无意为善，是因噎废食[2]也；明识有过当规，却讳言有过，是讳疾忌医[3]也。

---

① 缘：因。

② 因噎废食：因为吃饭噎住了，就连饭也不吃了。比喻因为怕出问题，索性不干。

③ 讳疾忌医：怕人知道有病而不肯医治，比喻掩饰缺点，不愿意改正。

【译解】

偶尔因为做善事受到连累，就不想再做善事了，这就好比曾被食物噎住了，从此不再吃饭一样；明明知道有过失应当纠正，却隐瞒自己的过错，这就好像生病怕人知道而不肯去就医一样。

【原文】

宾入幕中[①]，皆沥胆披肝[②]之士；客登座上，无焦头烂额之人。

---

① 宾入幕中：旧时指进入幕府参与议事的人，后指关系密切能够商议事情又值得信任的朋友。

② 沥胆披肝：比喻坦诚相见，竭尽忠诚。

【译解】

凡是被自己视为可信任的朋友并与之商量事情的人，都是与自己能相互竭尽忠诚的人；能够成为自己座上宾的人，一定不是狼狈窘迫的人。

【原文】

地无余利，人无余力，是种田两句要言[1]；心不外驰，气不久浮，是读书两句真诀[2]。

① 要言：至理名言。

② 真诀：真正的妙法和秘诀。

【译解】

地要竭尽所用，不能浪费，人要全力耕种，不可偷懒，这是种田的至理名言；心不向外跑，气不向外散，这是读书的两句真正诀窍。

【原文】

成就人才，即是栽培子弟；暴殄天物[1]，自应折磨儿孙。

---

① 暴殄天物：任意糟蹋东西。

【译解】

培养有才能的人，让他有所成就，就相当于教育培养自己的子弟；不珍惜物力而任意糟蹋东西，自然会在以后让儿孙受到折磨。

【原文】

和气迎人，平情应物[1]。抗心[2]希古[3]，藏器[4]待时。

---

① 平情应物：以平常心对待万物。

② 抗心：使志向高尚。抗，通“亢”。

③ 希古：希望以古代的贤人为榜样。希，希望，期许。古，指古之圣贤。

④ 器：用具，器物，引申为才能、本领。

【译解】

用和气的态度去对待别人，以平等之心去应对事物。希望以古代贤者为榜样，使自己的心志高尚起来，隐藏自己的才能和本领等待合适的时机再施展。

【原文】

矮板凳，且[1]坐着；好光阴，莫错过。

① 且：暂且。

【译解】

这矮小的板凳，暂且坐着吧；美好的时光，不要错过了。

【原文】

天地生人，都有一个良心；苟[1]丧此良心，则其去[2]禽兽不远矣。圣贤教人，总是一条正路；若舍此正路，则常行荆棘[3]之中矣。

---

① 苟：假如。

② 去：距离。

③ 荆棘：原指山野丛生的带刺小灌木，引申为困难的境地。

【译解】

人生在天地之间，都有天赋的善良之心；人如果丧失了良心，就和禽兽没有什么差别了。圣贤教化众人，总会指出一条正路；人如果放弃这条路，就会像走在荆棘之中一样。

【原文】

世之言乐者，但曰读书乐，田家乐。可知务本业者，其境常安。古之言忧者，必曰天下忧，廊庙[①]忧。可知当大任者，其心良苦。

---

① 廊庙：朝廷。

【译解】

世人说到快乐的事，都只说读书快乐和田园生活快乐。由此可知，只要专心致志于自己的本职，便是最安然快乐的境地。古人说到忧心之处，一定都是忧天下苍生，忧国家社稷。由此可知，担当重任的人，真是用心良苦。

【原文】

天虽好生[1]，亦难救求死之人；人能造福，即可邀悔祸[2]之天。

---

① 好生：爱惜生灵。

② 悔祸：免去所加的灾祸。

【译解】

上天虽然爱惜生灵，却也很难挽救一心求死的人；人如果能够多造福田，就可免去原本将要发生的灾祸，得到上天的宽宥。

【原文】

薄族[1]者，必无好儿孙；薄师[2]者，必无佳子弟，君所见亦多矣。恃力者，忽逢真敌手；恃势者，忽逢大对头，人所料不及也。

---

① 薄族：刻薄地对待族人。

② 薄师：刻薄地对待师长。

【译解】

刻薄族人的人，必定没有好的后代；刻薄师长的人，必定没有优秀的子弟，这种情形人们已经见过许多了。以为自己力气大而仗力欺人的人，会遇到比他力气更大的对手；仗势欺人的人，会遇到压过他的对手，这都是人所预料不到的事。

【原文】

为学不外“静”“敬”二字，教人[1]先去“骄”“惰”二字。

① 教人：教导别人。

【译解】

求学问不外乎“静”和“敬”这两个重点；教导别人，首先要让他去掉“骄”和“惰”这两个毛病。

【原文】

人得一知己，须对知己而无惭[1]；士既多读书，必求读书而有用。

---

① 无惭：没有愧疚。

【译解】

人难得遇到一个知己，应该在面对知己的时候，自己没有愧疚之处；读书人既然读了很多书，一定要努力做到学以致用。

【原文】

以直道[1]教人，人即不从，而自反[2]无愧，切勿曲以求荣也；以诚心待人，人或不谅，而历久自明，不必急于求白[3]也。

---

① 直道：正直的道理。

② 自反：自我反省。

③ 求白：辩解清楚。

【译解】

用正直的道理去教导别人，即使别人不听从，那么自我反思后也会觉得问心无愧，千万不要曲意迁就以求得他人的认可；用诚挚的心去对待别人，别人也许会误解，但时间长了别人自然会明白你的心意，你不必急着去向他解释清楚。

【原文】

粗粝[①]能甘，必是有为之士；纷华[②]不染，方称杰出之人。

① 粗粝：粗糙的米。
② 纷华：繁华富丽。

【译解】

能将粗糙的米饭吃得很香甜，一定是有作为的人；处于繁华富丽之中而不沉湎，才能称作是杰出的人。

【原文】

性情执拗[①]之人，不可与谋事也；机趣流通[②]之士，始可与言文也。

---

① 执拗：固执任性，不听从别人的意见。

② 机趣流通：风趣，通达。

【译解】

性情固执任性，不听从别人意见的人，往往不能和他一起商量事情；性情活泼通达的人，才可以和他谈论学问之道。

【原文】

不必于世事件件皆能，唯求与古人心心相印[①]。

① 心心相印：彼此心意一致。

【译解】

不必对世间的每一件事情都清楚明白，只希望和古人的心意相通。

【原文】

夙夜[1]所为，得无抱惭于衾影[2]；光阴已逝，尚期收效于桑榆[3]。

① 夙夜：早晚。

② 无抱惭于衾影：《宋史·蔡元定传》中记："独行不愧影，独寝不愧衾。"指独处时没有愧对于心的行为。

③ 桑榆：比喻晚年。

【译解】

每天从早到晚的所作所为，没有一件是有愧于心的；人生的岁月虽然已经逝去，却依然期待在晚年能有所收获。

【原文】

念祖考[1]创家基，不知栉风沐雨[2]，受多少苦辛，才能足食足衣，以贻后世；为子孙计长久，除却读书耕田，恐别无生活，总期克勤克俭[3]，毋负先人。

---

① 祖考：祖先。

② 栉风沐雨：用风梳头，用雨洗发。形容奔波劳碌。

③ 克勤克俭：既能勤劳，又能节俭。

【译解】

祖先创立家业，奔波劳碌，不知道受过多少艰辛，才能够丰衣足食，并且留下财产给子孙后世。如果要为子孙做长久打算，除了读书和耕田外，恐怕就没有别的生路了。总希望子孙后代能勤俭生活，不要辜负了先人的辛劳。

【原文】

但作里[1]中不可少之人，便为于世有济[2]；必使身后有可传之事，方为此生不虚。

① 里：乡里。

② 济：对困苦的人加以帮助。

【译解】

成为乡里之中不可缺少的人，就是对世间有所贡献了；一定要使自己在死后有为人称道的事，才算是这一生没有虚度。

【原文】

齐家[①]先修身[②]，言行不可不慎；读书在明理，识见不可不高。

---

① 齐家：治理家庭，理好家政。

② 修身：修养自身。

【译解】

治理家庭首先要修养自身，在言行上一定要处处谨慎；读书的目的在于明白事理，一定要使自己的见识高超。

【原文】

桃实之肉暴于外，不自吝惜，人得取而食之；食之而种其核，犹饶生气焉，此可见积善者有余庆也。栗实之肉秘于内，深自防护，人乃破而食之；食之而弃其壳，绝无生理矣，此可知多藏者必厚亡[①]也。

---

① 多藏者必厚亡：指积聚很多财物而不能周济别人，引起众人的怨恨，最后会损失很大。厚，大。亡，损失。

【译解】

桃子的果肉暴露在外，毫不吝啬，方便人们取着吃；人们在吃完桃子之后，会将果核种在土中，它就会再长出来新苗，这样生生不息，由此可见多做善事的人，自然会有德泽和福报留给子孙后代。栗子的果肉深藏在壳内，好像在尽力保护，人们必须用刀剖开才能吃到它；人们吃完了栗子就把壳丢弃，栗子就不可能生根发芽再长出来新苗，由此可见积累太多又不愿意分享的人，最后的损失会很大。

【原文】

求备[1]之心，可用之以修身，不可用之以接物；知足之心，可用之以处境[2]，不可用之以读书。

① 求备：追求完美。

② 处境：处于外界环境，待人接物。

【译解】

追求完美的想法，可以用来修养自身，却不可用在待人接物上；满足之心，可以用在对周围环境的要求上，却不可以用在读书学习上。

【原文】

有守虽无所展布[①]，而其节不挠[②]，故与有猷[③]有为而并重；立言即未经起行，而于人有益，故与立功立德而并传。

① 展布：陈述，阐明，叙述。

② 挠：弯曲。

③ 有猷：有功业、功绩。

【译解】

有操守的人虽然没有传播推广道义的功劳，但他能够守节不屈，所以和有功绩有作为的人是同等重要的；把自己的思想记录下来变成文字，去影响他人，彰显道理，虽然并没有用行动来践行，但是有益于读到和听到的人，所以他可以和有功绩有德行的人和事一样被传颂。

【原文】

遇老成人，便肯殷殷[1]求教，则向善必笃[2]也；听切实话，觉得津津有味，则进德可期也。

---

① 殷殷：形容殷切的样子。

② 笃：忠实，全心全意。

【译解】

遇到年长有德的人，便殷切地请求教诲，那么这样的人向善之心必定是全心全意的；听到实在的话语，觉得有滋味有趣味，那么这样的人在德业上的进步是可以期待的。

【原文】

有真性情，须有真涵养[1]；有大识见，乃有大文章。

① 涵养：能控制情绪的修养功夫。

【译解】

要想有至纯至真的性情，必须先要有真正的修养功夫；有了高远的见识，才能写出不朽的文章。

【原文】

为善之端[1]无尽，只讲一“让”字，便人人可行；立身之道何穷，只得一“敬”字，便事事皆整。

---

① 端：方法。

【译解】

行善的方法无穷无尽，只要能讲一个“让”字，就可以让人人都能做得到；立身处世的道理何止千万，只要能做到一个“敬”字，就能使所有的事情都井然有序。

【原文】

自己所行之是非，尚不能知，安[1]望知人？古人以往之得失，且不必论[2]，但须论己。

---

① 安：哪里，怎么。

② 论：评判。

【译解】

自己的所作所为是对是错，尚且不能分辨，哪里还能够知道他人的对错呢？古人的言行得失，暂且不必评判，重要的是先要评判自己的言行得失。

【原文】

治术[①]必本儒术[②]者，念念皆仁厚也；今人不及古人者，事事皆虚浮也。

---

① 治术：治理国家的方法。

② 儒术：儒家的学术。

【译解】

治理国家以儒家学说为根本，主要的原因是儒家之道仁爱宽厚；现代人之所以不如古人，是因为现代人做事都有虚浮的毛病。

【原文】

莫大[1]之祸，起于须臾[2]之不忍，不可不谨。

---

① 莫大：没有比这个再大，极大。
② 须臾：极短的时间，片刻。

【译解】

再大的祸患，都是因为一时的不能忍耐，所以为人处世不可以不谨慎。

【原文】

家之长幼，皆倚赖[1]于我，我亦尝体其情否也？士之衣食，皆取资于人，人亦曾受其益否也？

① 倚赖：依靠。

【译解】

家中的老小都依靠着我生活，我可曾去体会过他们的情感呢？读书人的衣食都来自他人的生产劳动，那么他们可曾得到过来自读书人的好处呢？

【原文】

富不肯读书，贵不肯积德，错过可惜也；少不肯事长[1]，愚不肯亲贤[2]，不祥莫大焉。

---

① 事长：敬奉长辈。

② 亲贤：亲近贤人。

【译解】

富裕时不肯读书，显贵时不肯积德，错过了这些好时机实在是可惜；年少的时候不肯敬奉长辈，愚昧却又不肯向贤人请教，这是最不吉祥的事情。

【原文】

自虞廷[1]立五伦[2]为教，然后天下有大经[3]；自紫阳[4]集四子成书[5]，然后天下有正学[6]。

---

① 虞廷：虞舜之世。

② 五伦：即父子有亲、君臣有义、夫妇有别、长幼有序、朋友有信。

③ 大经：常道。

④ 紫阳：即朱熹，南宋理学大家，晚年在紫阳书院讲学，人称“紫阳先生”。

⑤ 四子成书：朱熹集注的《论语》《孟子》《大学》《中庸》合称“四书”。

⑥ 正学：正统的学问。

【译解】

自从虞舜之世，教百姓以五伦，然后天下才有了普遍的人伦大道；自从朱熹集注《论语》《孟子》《大学》《中庸》之后，天下才确立了正统的学问。

【原文】

意趣[1]清高，利禄不能动也；志量远大，富贵不能淫也。

---

① 意趣：志向和情趣。

【译解】

志向高远、情趣高雅的人，金钱和官位是无法改变其心志的；志气坚定、心胸阔大的人，不会被荣华富贵扰乱了本心。

【原文】

最不幸者，为势家女[①]作翁姑[②]；最难处者，为富家儿作师友。

---

① 势家女：有财有势人家的女儿。

② 翁姑：公婆。

【译解】

最不幸的事，是给有钱有势人家的女儿做公婆；最难以处理的事情，是给富家子弟做老师和朋友。

【原文】

钱能福人[1]，亦能祸人[2]，有钱者不可不知；药能生人[3]，亦能杀人，用药者不可不慎。

---

① 福人：使人得福。

② 祸人：使人遭难。

③ 生人：使人生存，活命。

【译解】

钱能为人造福，也能带来祸害，富有的人不能不明白这个道理；药能够治病救人，也能够杀人，用药的人不能不慎重。

【原文】

凡事勿徒[1]委[2]于人，必身体力行，方能有济[3]；凡事不可执于己，必集思广益，乃罔[4]后艰。

---

① 徒：只。

② 委：依赖。

③ 济：（对事情）有益。

④ 罔：无，没有。

【译解】

凡事不要只依赖他人，必须亲自去做，才能对自己有益处；凡事不能固执己见，一定要集思广益，才不会有以后的艰难。

【原文】

耕读固是良谋[1]，必工课无荒，乃能成其业；仕宦虽称贵显，若官箴[2]有玷[3]，亦未见其荣。

---

① 良谋：好办法，好主意。

② 官箴：对官吏的劝诫。

③ 玷：白玉上的污点，引申为过失、缺点。

【译解】

耕种、读书固然是个好办法，但是要做到耕种和读书都不荒废，才能成就功业；做官虽然富贵显达，但是如果为官而有过失，也就看不见荣耀了。

【原文】

儒者多文为富，其文非时文[①]也；君子疾[②]名不称，其名非科名[③]也。

---

① 时文：科举应试之文，八股文。

② 疾：忧虑。

③ 科名：科举得来的功名。

【译解】

读书人的文章多是财富，然而这文章并不是指科举应试的八股文；君子忧虑的是自己的名声不能被世人所称道，这个名声并不是指科举得来的功名。

【原文】

“博学笃志，切问近思”，此八字是收放心[1]的功夫；“神闲气静，智深勇沉”，此八字是干大事的本领。

① 收放心：收，收回，找回。放，指迷失之意。心，指本心、本性。

【译解】

“博学笃志，切问近思”，这八个字说的是找回迷失之心的功夫；“神闲气静，智深勇沉”，这八个字说的是成就大事的本领。

【原文】

何者为益友[1]？凡事肯规[2]我之过者是也；何者为小人？凡事必徇[3]己之私[4]者是也。

---

① 益友：对自己有益的朋友。

② 规：规劝，劝告。

③ 徇：偏袒。

④ 私：过错。

【译解】

什么样的人是对自己有益的朋友呢？是那些凡事愿意规劝我改正错误的人。什么样的人是小人呢？是那些遇到事情必定偏袒自己过错的人。

【原文】

待人宜宽，唯待子孙不可宽；行礼宜厚[1]，唯行嫁娶不必厚。

---

① 厚：丰厚。

【译解】

对待他人应该宽容，唯有对待自己的子孙不可太宽容；礼尚往来的礼物要丰厚，唯有在办婚事时不必过于丰厚。

【原文】

事但观其已然[1]，便可知其未然；人必尽其当然，乃可听其自然。

① 已然：已经形成的事实。

【译解】

事情只要观察它已经发生并呈现出来的现状，便可以推知它未发生的情形；一个人要努力做到他应当做的，剩下的才可以顺其自然。

【原文】

观规模之大小，可以知事业之高卑；察德泽[①]之浅深，可以知门祚[②]之久暂。

---

① 德泽：恩德，恩惠。

② 门祚：家世。

【译解】

观察规模形制的大小，就可以知道事业是崇高还是渺小；观察对别人恩德和恩惠的深浅，就可以知道家世的福运是长久还是短暂。

【原文】

义之中有利，而尚义之君子，初非计及于利也；利之中有害，而趋利[①]之小人，并不顾其为害也。

① 趋利：追逐利益，求取好处。

【译解】

道义之事中也会有利益存在，而崇尚道义的君子，在开始做事的时候并没有考虑利益这个因素；利益之中也包含着不利因素，而一味追求利益的小人，却不愿意这种危害伤及自身。

【原文】

小心谨慎者，必善其后，畅则无咎[①]也；高自位置者，难保其终，亢则有悔[②]也。

① 咎：过失，罪过。

② 亢则有悔：居高位的人要戒骄戒躁，否则会导致失败。

【译解】

小心谨慎的人，必定会考虑周全，慎终如始，这样做事就会畅通无阻且不会出现过失；居高位的人，很难维持长久，因为地位高而容易自满骄横，就可能招来败亡之祸。

【原文】

耕所以养生，读所以明道，此耕读之本原[1]也，而后世乃假[2]以谋富贵矣。衣取其蔽体，食取其充饥，此衣食之实用也，而时人乃借以逞[3]豪奢矣。

---

① 本原：本意，根源。

② 假：凭借。

③ 逞：炫耀，卖弄。

【译解】

耕种是为了生活，读书是为了明理，这是耕种和读书的本意，然而后世的人却借此谋求荣华富贵；穿衣是为了遮体，食物是为了充饥，这是衣食的实际功用，然而现在的人却借此来炫耀和卖弄自己的豪华奢侈。

【原文】

人皆欲贵也，请问一官到手，怎样施行[1]？人皆欲富也，且问万贯缠腰，如何布置[2]？

---

① 施行：表示按照某种方式或办法去做。

② 布置：运用，做出安排。

【译解】

人人都希望自己贵显，请问一旦官职到手，要怎样去施行政务？人人都希望自己富有，请问一旦家财万贯，该如何安排、使用钱财呢？

【原文】

文、行、忠、信[①]，孔子立教之目也，今唯教以文而已；志道、据德、依仁、游艺[②]，孔门为学之序也，今但学其艺而已。

---

① 文、行、忠、信：孔子的施教科目。孔子在这四个方面教育和引导学生。文，指诗书礼乐等典籍。行，指行为。忠、信，忠诚、守信，指的是品性上的训练。
② 志道、据德、依仁、游艺：孔子治学的顺序。志道，立志研究真理。据德，做事依据道德品德。依仁，绝不偏离仁恕。游艺，以六种技艺作为具体本领。

【译解】

文、行、忠、信是孔子为教育学生所立的科目，如今却只教学生学习典籍了；志道、据德、依仁、游艺是孔门求学问的次序，现在只是学习最后一项的技艺罢了。

【原文】

隐微之衍①，即干②宪典③，所以君子怀刑④也；技艺之末，无益身心，所以君子务本⑤也。

---

① 衍：过失。

② 干：违犯，触犯。

③ 宪典：法律，法典。

④ 君子怀刑：君子心里时刻记着法律规范。

⑤ 务本：致力于根本。

【译解】

不太留意细微过失，可能就会违犯法律，所以君子常常想着法律法典并以此约束自己的言行；技艺排在学问的最后一位，对修养身心并无多大的益处，因此君子致力于根本的学问。

【原文】

士既知学[1]，还恐学而无恒；人不患贫，只要贫而有志。

---

① 知学：知道学问的重要性。

【译解】

读书人已经知道学问的重要，却恐怕学习时缺乏恒心；人不要害怕贫穷，只要穷得有志气。

【原文】

用功于内者，必于外无所求；饰[1]美于外者，必其中无所有。

① 饰：装点，装饰。

【译解】

致力于修养内心的人，一定不会对身外之物做过多追求；致力于外在装饰的人，也一定没有多少内涵。

【原文】

盛衰之机，虽关气运[①]，而有心者必贵诸人谋；性命之理[②]，固极精微，而讲学者必求其实用。

---

① 气运：命运，气数。

② 性命之理：讲天命天理的学问，即形而上的道理。

【译解】

兴盛或者衰败的关键，虽然和气数命运有关系，但是有心人一定会重视人为的谋划；形而上的大道理，固然十分精辟微妙，但是讲求这方面学问的人，一定会追求它的实用性。

【原文】

鲁如曾子[①]，于道独得其传，可知资性不足限人也；贫如颜子[②]，其乐不因以改，可知境遇不足困人也。

① 鲁如曾子：出自《论语》："柴也愚，参也鲁。"曾子，名参，字子舆，孔子的弟子，是儒家学派的代表人物，配享孔庙的四配之一，是孔子学说的重要继承人，被后世尊奉为"宗圣"。鲁，迟钝。

② 颜子：颜回，字子渊，是孔子最得意的学生，孔门七十二贤人之首。

【译解】

像曾子这样迟钝的人，却能得到孔子学问的真传，可见天资不好并不足以限制一个人；像颜回那么穷的人，却没有因为穷而失去他的快乐，由此可见境遇并不能困住一个人。

【原文】

敦厚之人，始可托大事，故安刘氏[1]者，必绛侯[2]也；谨慎之人，方能成大功，故兴汉室者，必武侯[3]也。

---

① 刘氏：指以汉高祖刘邦为主的汉室皇族。

② 绛侯：周勃，西汉开国功臣，辅佐刘邦定天下，被封为绛侯。

③ 武侯：诸葛亮，字孔明，辅佐刘备建立蜀汉政权。

【译解】

忠厚的人，才可以托付重大的事情，因此能使汉室安定的，必定是周勃这个人；做事谨慎的人，才能成就大的功业，因此能够复兴汉室的人，必定是诸葛亮。

【原文】

以汉高祖之英明，知吕后必杀戚姬①，而不能救止，盖其祸已成也；以陶朱公②之智计，知长男③必杀仲子④，而不能保全，殆其罪难宥⑤乎？

---

① 戚姬：戚夫人，为汉高祖刘邦的宠姬，高祖死后，为吕后所杀。

② 陶朱公：范蠡，辅佐越王勾践破吴后，弃官离去，来到定陶，自称朱公，后成了巨富。

③ 长男：长子。

④ 仲子：次子。

⑤ 宥：宽容、饶恕、原谅。

【译解】

以汉高祖的英明，明知在他死后吕后会杀死他宠爱的戚夫人，却无法挽救阻止，大概是因为这个祸患已经酿成了；以陶朱公的聪明才智，明知他长子的处事风格会害了次子，却无法保全次子，大概是因为次子的罪责本来就难以宽恕吗？

【原文】

处世以忠厚人为法[1]，传家[2]得勤俭意便佳。

---

① 法：效仿，效法。

② 传家：家庭里世代相传。

【译解】

为人处世应该以忠实厚道的人为效仿对象，家庭里世代相传的是勤俭节约的观念便最好。

【原文】

紫阳补《大学》格致之章[①]，恐人误入虚无，而必使之即物穷理，所以维正教也；阳明[②]取孟子良知之说，恐人徒事记诵，而必使之反己省心，所以[③]救末流[④]也。

---

① 格致之章:《大学》中有“致知在格物”句，朱熹注释“格物”指的是穷尽事物之理，无不知晓之意。

② 阳明：王守仁，字伯安，别号阳明，明代著名哲学家、军事家，精通儒、释、道三家学说，是“陆（陆九渊）王（王守仁）心学”的集大成者。

③ 所以：用来。

④ 末流：乱世的不良风气。

【译解】

朱熹注释《大学》格物致知一章时，担心人们不能理解其内涵而走入虚无，所以要人们多去穷尽事物之理，以此来维护孔门的正教；王阳明汲取了孟子的良知学说，担心人们只会白白地背诵文字，所以一定要人们关照本心反省自己，以此来改变不良的社会风气。

【原文】

人称我善良则喜，称我凶恶则怒，此可见凶恶非美名也，即当立志为善良；我见人醇谨[①]则爱，见人浮躁则恶，此可见浮躁非佳士也，何不反身为醇谨？

① 醇谨：淳厚谨慎。

【译解】

别人说我善良，我就感到喜悦；说我凶恶，我就感到愤怒。由此可见，凶恶不是美好的名声，所以应当立志做善良的人。我见到他人淳厚谨慎，就会喜欢他；见到他人心浮气躁，就会讨厌他。由此可见，心浮气躁不是优秀的人该有的习气，为什么不让自己转而去做一个淳厚谨慎的人呢？

【原文】

处事宜宽平[①]，而不可有松散之弊；持身贵严厉，而不可有激切[②]之形。

---

① 宽平：宽容而又平稳。

② 激切：激烈，直率。

【译解】

为人处世要宽容而又平稳，但是不可以有松散的毛病；修养自身贵在严于律己，但是不可以有过于激烈的表现。

【原文】

天有风雨，人以宫室蔽[①]之；地有山川，人以舟车通之。是人能补天地之阙[②]也，而可无为乎？人有性理，天以五常[③]赋之；人有形质，地以六谷[④]养之。是天地且厚人之生也，而可自薄[⑤]乎？

---

① 蔽：遮蔽。

② 阙：同“缺”，短少，不足。

③ 五常：仁、义、礼、智、信，是儒家要求的五种道德修养。

④ 六谷：中国古代的六种主要谷物，古时指稻、黍、稷、粱、麦、苽六种农作物，而在《三字经》中，将稻、粱、菽、麦、黍、稷并称为六谷。

⑤ 薄：轻视，慢待。

【译解】

天会刮风下雨，所以人们建造房屋来遮蔽风雨；地上有高山河流，所以人们制造车船做交通的工具。这就是说人力能够弥补天地造物的缺失，那么人岂能无所作为呢？人有先天的固有属性，上天用仁、义、礼、智、信赋予他、成就他；人有外在的形体，大地就用黍、稷、菽、麦、稻、粱六谷来滋养他。天地尚且厚待人的生命，人岂能自我轻视呢？

【原文】

人之生也直，人苟欲生，必全其直；贫者士之常，士不安贫，乃反其常。进食需箸[1]，而箸亦只悉随其操纵所使，于此可悟用人之方；作书需笔，而笔不能必其字画之工，于此可悟求己之理。

---

① 箸：筷子。

【译解】

人有正直的天性，人如果想生存，就一定要保持这种正直；贫穷本是读书人的常态，读书人如果不能安贫乐道，就是违背了常理。吃饭需要用筷子，筷子完全随着人的操纵而动，由此可以体悟出用人的方法；写字需用笔，但是笔本身并不能使字画工巧，由此可以体悟出凡事必须反求诸己的道理。

【原文】

家之富厚者，积田产以遗子孙，子孙未必能保；不如广积阴功[1]，使天眷其德，或可少延。家之贫穷者，谋奔走以给衣食，衣食未必能充；何若自谋本业，知民生在勤，定当有济。

① 阴功：阴德。

【译解】

富有的家庭，积聚田产留给子孙，子孙却未必能将它保全；倒不如多做善事，使上天眷顾他的阴德，也许还能延续富贵。家庭贫穷的人，即使四处奔波来求得衣食，衣食也未必能够充裕；倒不如在本职工作上多加努力，要知道民生的根本在于勤奋，只要坚持勤奋，一定能对自己有帮助。

【原文】

言不可尽信，必揆[1]诸理；事未可遽[2]行，必问诸心。

---

① 揆：揣度，揣测。

② 遽：急，仓促。

【译解】

言语不可以完全相信，一定要认真揣度其中的道理；遇事不要仓促地去做，一定要先问问自己的良心。

【原文】

兄弟相师友，天伦之乐莫大焉；闺门[1]若朝廷，家法之严可知也。

---

① 闺门：内室之门，也指家门。

【译解】

兄弟互相为师友，这就是最大的天伦之乐；家门如朝廷一般，由此可知家法的严厉。

【原文】

友以成德[①]也，人而无友，则孤陋寡闻[②]，德不能成矣；学以愈[③]愚也，人而不学，则昏昧无知，愚不能愈矣。

---

① 成德：达成，成就德业。

② 孤陋寡闻：学识浅陋，见闻不广。

③ 愈：治愈，医治。

【译解】

朋友可以帮助德业进步，人如果没有朋友，就会学识浅陋，见闻不广，德业就难以成就；学习是为了医治愚昧，人如果不学习，就会愚昧无知，愚昧之病就永远都医治不好。

【原文】

明犯国法，罪累[1]岂能幸逃？白得人财，赔偿还要加倍。

---

① 罪累：罪责。

【译解】

明明知道却还故意触犯国法，罪责岂能侥幸地逃脱？平白无故地取得别人的财物，赔偿的时候还要加倍。

【原文】

浪子[①]回头，仍不惭为君子；贵人失足[②]，便贻笑于庸人。

---

① 浪子：游荡玩乐、不务正业的青年人。

② 失足：行走时不小心跌倒，比喻人堕落或犯严重错误。

【译解】

浪荡子如果能改正过错，重新做人，仍可以做一个无愧于心的君子；显贵的人一旦犯下严重的错误，就连平庸的人都会嘲笑他。

【原文】

饮食男女[1]，人之大欲[2]存焉，然人欲既胜，天理[3]或亡。故有道之士，必使饮食有节，男女有别。

---

① 饮食男女：指对吃喝和性的需要。

② 大欲：普遍的欲望。

③ 天理：自然法则，天道。宋朝的理学家认为封建伦理是客观存在的道德法则，把它叫作“天理”。

【译解】

人对饮食和情爱的需要，是人类最普遍的欲望，然而如果放纵欲望，让它凌驾于一切之上，就可能使伦理道德沦丧消亡。所以有道德修养的人，一定会让饮食有节制、男女有分别。

【原文】

东坡[①]《志林》有云："人生耐贫贱易，耐富贵难；安勤苦易，安闲散难；忍疼易，忍痒难；能耐富贵、安闲散、忍痒者，必有道之士也。"余谓如此精爽之论，足以发人深省，正可于朋友聚会时，述之以助清谈。

---

① 东坡：苏轼，字子瞻，号东坡居士，北宋眉州人，著名的文学家、书法家，为唐宋八大家之一，宋词的豪放派代表人物。著有《苏东坡集》《东坡乐府》《东坡志林》等。

【译解】

苏东坡在《志林》一书中说："人生要耐得住贫贱是容易的，耐得住富贵却不容易；安于勤劳辛苦容易，安于闲散却很难；忍受疼容易，忍住痒却很难；如果能耐得住富贵、闲散、发痒，一定是非常有修养的人。"我认为这么精妙爽直的言论，足够让人深思，非常适合在朋友聚会时，讲述出来给大家的清谈助兴。

【原文】

余最爱《草庐日录》[①]有句云："淡如秋水贫中味，和若春风静后功。"读之觉矜平躁释[②]，意味深长。

---

①《草庐日录》：吴与弼著。吴与弼，字子傅，号康斋，明代教育家。

② 释：消散。

【译解】

我最喜爱《草庐日录》中的一句话："淡如秋水贫中味，和若春风静后功。"读后觉得心平气和，浮躁顿消，这语句的意味真是深刻又悠远。

【原文】

敌加于己，不得已而应之，谓之应兵，兵应者胜；利人土地[①]，谓之贪兵，兵贪者败，此魏相[②]论兵语也。然岂独用兵为然哉？凡人事之成败，皆当作如是观[③]。

---

① 利人土地：贪求别国的土地。

② 魏相：字若翁，西汉政治家，汉宣帝时为丞相，深受皇帝器重。

③ 如是观：像这样看待。

【译解】

敌人来攻打自己，不得已而出兵应战的，这叫作“应兵”，应兵的一方能够得胜；贪图他国的土地，叫作“贪兵”，贪兵的一方必然会失败，这是魏相论用兵之道时讲的话。然而只是用兵打仗才这样吗？但凡为人处世的成功或失败，往往也是如此。

【原文】

凡人世险奇之事，决不可为，或为之而幸获其利，特[1]偶然耳，不可视为常然[2]也。可以为常者，必其平淡无奇，如耕田读书之类是也。

---

① 特：只，但。

② 常然：常态。

【译解】

凡是人世间惊险离奇的事，绝对不要做，即便有人做了而侥幸得到好处，那也只不过是偶然罢了，不能把这看成常态。可以看作常态的，一定是平淡无奇的事，例如耕田、读书之类的事。

【原文】

忧先于事故能无忧，事至而忧无救于事，此唐史李绛[①]语也。其警人之意深矣，可书以揭诸座右[②]。

---

① 李绛：字深之，唐朝中期的政治家、宰相，为官直谏敢言，勤勉正直。

② 揭诸座右：即座右铭，题在座旁，作为勉励、警诫自己的格言。

【译解】

在做事之前就周密思虑，那么随后就可以免于忧患；事到临头才去思虑，那就晚了，对事情已经没有什么帮助了，这是唐朝李绛所讲的话。这句话的警诫意义深远，可以写下来当作座右铭。

【原文】

尧、舜大圣，而生朱、均[①]；瞽、鲧[②]至愚，而生舜、禹；揆以余庆余殃之理，似觉难凭。然尧、舜之圣，初未尝因朱、均而灭；瞽、鲧之愚，亦不能因舜、禹而掩，所以人贵自立也。

① 朱、均：尧的儿子叫丹朱，舜的儿子叫商均，都不肖。

② 瞽、鲧：舜的父亲叫瞽叟，曾与舜的后母及舜的弟弟一起害舜。鲧，大禹的父亲，因治水无功而被杀。

【译解】

尧和舜都是古代的大圣人，却生了丹朱和商均这样不肖的儿子；瞽和鲧都是愚昧的人，却生了舜和禹这样的圣人；以善人遗及子孙德泽、恶人遗及子孙祸殃的道理来揣度琢磨，似乎很难说得通。然而尧、舜的圣明，当初并没有因为儿子的不贤而湮灭；瞽和鲧的愚昧，也无法因为舜和禹的贤能而掩盖，所以说人最重要的是要自立自强。

【原文】

程子[1]教人以静，朱子教人以敬，静者心不妄动之谓也，敬者心常惺惺[2]之谓也。又况静能延寿，敬则日强，为学之功在是，养生之道亦在是，静敬之益人大矣哉，学者可不务乎？

---

① 程子：指的是北宋理学家程颢、程颐两兄弟，世称“二程”，二人都曾求学于周敦颐。

② 惺惺：聪明，机警，这里指的是清醒。

【译解】

程子教人要静，朱子教人要敬，静指的是心不起妄念，敬指的是时常清醒恭敬。再加上心静可以延年益寿，持敬让人日日精进，做学问的功夫就在这里，保养身心的方法也在这里。由此可见“静”和“敬”对人的好处实在是太大了，学者怎么能不在这两个字上下功夫呢？

【原文】

卜筮[1]以龟筮为重，故必龟从[2]筮从乃可言吉。若二者有一不从，或二者俱不从，则宜其有凶无吉矣。乃《洪范》稽疑[3]之篇，则于龟从筮逆者，仍曰作内吉。从龟筮共逆于人者，仍曰用静吉。是知吉凶在人，圣人之垂戒深矣。人诚能作内而不作外，用静而不用作，循分守常，斯亦安往而不吉哉！

---

① 卜筮：用龟甲占卜曰卜，以蓍草占卜曰筮。

② 从：依顺，顺从，这里指的是相合。

③《洪范》稽疑：《尚书》的篇名，传说为箕子向周武王陈述的“天地之大法”，提出了帝王治理国家必须遵守的九种根本大法，即“洪范九畴”。在这九种治国大法中，第七种就是稽疑，讲的是君主请示神明的手段是卜、筮。稽疑，本指用卜、筮来考察有疑问的事情，后泛指稽考疑问。

【译解】

古代占卜以龟甲和蓍草为主要的工具，所以一定要龟卜和筮卜都相合才可以称得上是吉。如果两个之中有一个不相合，或两者都不相合，那么就应该说是有凶险而无吉兆了。而《尚书·洪范》“稽疑”这一篇，则把龟卜顺从而筮卜相逆的情形，仍然视为“作内吉”；对于龟甲和蓍草占卜的结果都与人的意愿相违，仍然视作“用静吉”。由此可知，吉凶往往取决于自己，关于这一点圣人的教诲和告诫已经很深刻了。人如果的确能做到吉凶之事不求于外而求于内，专注于自我提升和修养，守着清净之心而不妄为，遵循常道，安分守己，这样就自然无往而不利了。

【原文】

每见勤苦之人绝无痨疾[1]，显达之士多出寒门，此亦盈虚消长之机，自然之理也。

---

① 痨疾：痨病，中医指结核病，通常多指肺结核。

【译解】

常看到辛勤劳苦的人绝对不会得痨病，显名闻达的人大多出身贫寒，这就是盈则亏、消则长的奥妙之处，也是大自然固有的规律。

【原文】

欲利己，便是害己；肯下人[①]，终能上人[②]。

---

① 下人：屈居人下。

② 上人：居于人上。

【译解】

一味想要对自己有利，反而会害了自己；肯居于他人之下，最终能居于他人之上。

【原文】

古之克[1]孝者多矣，独称虞舜为大孝，盖能为其难也；古之有才者众矣，独称周公[2]为美才，盖能本于德也。

---

① 克：能。

② 周公：姬姓，名旦，西周初期杰出的政治家、军事家、思想家。他的贤能为后世所赞誉。

【译解】

古代能够尽孝道的人很多，然而独独称虞舜为大孝之人，是因为他在尽孝时能做到别人做不到的事情；古代有才能的人很多，唯独称赞周公是美才，是因为周公的才能以德为本。

【原文】

不能缩头[1]者，且休缩头；可以放手者，便须放手。

① 缩头：逃避。

【译解】

不能逃避的时候，就不要去逃避；能够放手的事情，就应该放手。

【原文】

居易[1]俟[2]命，见危授命，言命者，总不外顺受其正；木讷[3]近仁，巧[4]令[5]鲜[6]仁，求仁者，即可知从入之方。

---

① 居易：平时，平常。

② 俟：等待。

③ 木讷：朴实迟钝，不善于说话。

④ 巧：虚浮不实的话。

⑤ 令：美好。

⑥ 鲜：少。

【译解】

君子在平常的时候要等待时机，一旦国家有难，不惜奉献自己的生命去报效国家。讲命运的人，总不外乎顺应天理正道。不善言辞就接近仁德了，而巧言令色的人往往没有什么仁心，寻求仁德的人由此可知该由何处做起才能入仁道。

【原文】

见小利，不能立大功；存私心，不能谋公事。

【译解】

眼里只有小利益，就不能立下大功业；心中存着自私的念头，就不能为公众谋事。

【原文】

正己[1]为率人之本，守成[2]念创业之艰。

---

① 正己：端正自己。

② 守成：在事业上保持前人的成就。

【译解】

端正自己是做他人表率的根本，在守成的阶段要念及前人创业时的艰辛。

【原文】

在世无过百年，总要作好人、存好心，留个后代榜样；谋生各有恒业，哪得管闲事，说闲话，荒[1]我正经工夫。

---

① 荒：荒废。

【译解】

人生在世不过百年，总要做个好人，存着善心，为后人留个学习的榜样；谋生计的人各有各的工作和事业，哪有时间去管无聊的事，说无聊的话，荒废了自己的正经事。

图书在版编目（CIP）数据

围炉夜话 / (清) 王永彬著；杨莉波译注. -- 沈阳:
万卷出版公司, 2021.9（2024. 2 重印）
ISBN 978-7-5470-4943-3

Ⅰ. ①围… Ⅱ. ①王… ②杨… Ⅲ. ①个人－修养－
中国－清代 Ⅳ. ①B825

中国版本图书馆CIP数据核字(2021)第167416号

出版发行：北方联合出版传媒（集团）股份有限公司
万卷出版公司
（地址：沈阳市和平区十一纬路25号　邮编：110003）
印 刷 者：三河市海新印务有限公司
经 销 者：全国新华书店
幅面尺寸：145mm × 210mm
字　　数：150千字
印　　张：7.125
出版时间：2021年9月第1版
印刷时间：2024年2月第2次印刷
责任编辑：高　爽
责任校对：张兰华
装帧设计：卷帙设计
ISBN 978-7-5470-4943-3
定　　价：39.90元
联系电话：024-23284090
传　　真：024-23284448